广东省"粤菜师傅"工程培训教材

广东省职业技术教研室 组织编写

# 客家风味点心制作工艺

SPM 南方出版传媒

广东科技出版社 | 全国优秀出版社

·广州·

**图书在版编目（CIP）数据**

客家风味点心制作工艺 / 广东省职业技术教研室组编. —广州：广东科技出版社，2019.8

广东省"粤菜师傅"工程培训教材

ISBN 978-7-5359-7154-8

Ⅰ.①客⋯ Ⅱ.①广⋯ Ⅲ.①客家人—糕点—制作—技术培训—教材 Ⅳ.①TS213.23

中国版本图书馆CIP数据核字（2019）第138899号

## 客家风味点心制作工艺
Kejia Fengwei Dianxin Zhizuo Gongyi

出 版 人：朱文清

责任编辑：尉义明

封面设计：柳国雄

责任校对：谭 曦

责任印制：彭海波

出版发行：广东科技出版社

　　　　　（广州市环市东路水荫路 11 号　邮政编码：510075）

http://www.gdstp.com.cn

E-mail：gdkjyxb@gdstp.com.cn（营销）

E-mail：gdkjzbb@gdstp.com.cn（编务室）

经　　销：广东新华发行集团股份有限公司

排　　版：创溢文化

印　　刷：广州市岭美文化科技有限公司

　　　　　（广州市荔湾区花地大道南海南工商贸易区 A 幢　邮政编码：510385）

规　　格：787mm×1 092mm　1/16　印张6.25　字数 130 千

版　　次：2019 年 8 月第 1 版

　　　　　2019 年 8 月第 1 次印刷

定　　价：28.00 元

 广东省"粤菜师傅"工程培训教材

# 前言

　　粤菜，一个可以追溯至距今两千多年的菜系，以其深厚的文化底蕴、鲜明的风味特色享誉海内外。它是岭南文化的重要组成部分，是彰显广东影响力的一块金字招牌。

　　利民之事，丝发必兴。2018年4月，中共中央政治局委员、广东省委书记李希倡导实施"粤菜师傅"工程。一年来，全省各地各部门将实施"粤菜师傅"工程作为贯彻落实习近平总书记新时代中国特色社会主义思想和党的十九大精神的具体行动，作为深入实施乡村振兴战略的关键举措，作为打赢精准脱贫攻坚战的重要抓手，系统研究部署，深入组织推进，广泛宣传发动，开展技能培训，举办技能大赛，掀起了实施"粤菜师傅"工程的行动热潮，走出了一条促进城乡劳动者技能就业、技能致富，推动农民全面发展、农村全面进步、农业全面升级的新路子。2018年12月，李希书记对"粤菜师傅"工程做出了"工作有进展，扎实推进，久久为功"的批示，在充分肯定实施工作的同时，也提出了殷切的期望。

　　人才是第一资源。培养一批具有工匠精神、技能精湛的粤菜师傅，是推动"粤菜师傅"工程向纵深发展的关键所在。广东省人力资源和社会保障厅结合广府菜、潮州菜、客家菜这三大菜系的特色，组织中式烹饪行业、企业和专家，广泛参与标准研发制定，加快建立"粤菜师傅"

职业资格评价、职业技能等级认定、省级专项职业能力考核、地方系列菜品烹饪专项能力考核等多层次评价体系。在此基础上，组织技工院校、广东餐饮行业协会、企业和一大批粤菜名师名厨，按照《广东省"粤菜师傅"烹饪技能标准开发及评价认定框架指引》和粤菜传统文化，编写了《粤菜师傅通用能力读本》《广府风味菜烹饪工艺》《广式点心制作工艺》《广东烧腊制作工艺》《潮式风味菜烹饪工艺》《潮式风味点心制作工艺》《潮式卤味制作工艺》《客家风味菜烹饪工艺》《客家风味点心制作工艺》9本教材，为大规模培养粤菜师傅奠定了坚实基础。

行百里者半九十。"粤菜师傅"工程开了个好头，关键在于持之以恒，久久为功。广东省人力资源和社会保障厅将以更积极的态度、更有力的举措、更扎实的作风，大规模开展"粤菜师傅"职业技能培训，不断壮大粤菜烹饪技能人才队伍，为广东破解城乡二元结构问题、提高发展的平衡性、协调性做出新的更大贡献。

广东省人力资源和社会保障厅

2019年8月

《广东省"粤菜师傅"工程实施方案》明确提出为推动广东省乡村振兴战略，将大规模开展"粤菜师傅"职业技能教育培训。力争到2022年，全省开展"粤菜师傅"培训5万人次以上，直接带动30万人实现就业创业。培养粤菜师傅，教材要先行。

在广东省"粤菜师傅"工程培训教材的组织开发过程中，广东省职业技术教研室始终坚持广东省人力资源和社会保障厅关于"教材要适应职业培训和学制教育，要促进粤菜烹饪技能人才培养能力和质量提升，要为打造'粤菜师傅'文化品牌，提升岭南饮食文化在海内外的影响力贡献文化力量"的要求，力争打造一套富有工匠精神，既适合职业院校专业教学又适合职业技能培训和岭南饮食文化传播的综合性教材。

其中，《粤菜师傅通用能力读本》图文并茂，可读性强，主要针对"粤菜师傅"的工匠精神，职业素养，粤菜、粤点文化，烹饪基本技能，食品安全卫生等理论知识的学习。《广府风味菜烹饪工艺》《广式点心制作工艺》《广东烧腊制作工艺》《潮式风味菜烹饪工艺》《潮式风味点心制作工艺》《潮式卤味制作工艺》《客家风味菜烹饪工艺》《客家风味点心制作工艺》8本教材，通俗易懂、实用性强，侧重于粤菜风味菜的烹饪工艺和风味点心制作工艺的实操技能学习。

整套教材按照炒、焖、炸、煎、扒、蒸、焗等7种粤菜传统烹饪技

法和蒸、煎、炸、水煮、烤、炖、煲等7种粤点传统加温方法，收集了广东地方风味粤菜菜品近600种和粤点点心品种约400种，其中包括深入乡村挖掘的部分已经失传的粤式菜品和点心。同时，整套教材还针对每个菜品设计了"名菜（点）故事""烹调方法""原材料""工艺流程""技术关键""风味特色""知识拓展"7个学习模块，保障了"粤菜师傅"对粤菜（点）理论和实操技能的学习及粤菜文化的传承。另外，为促进粤菜产业发展，加速构建以粤菜美食为引擎的产业经济生态链，促进"粤菜+粤材""粤菜+旅游"等产业模式的形成，整套教材还特别添加了60个"旅游风味套餐"，涵盖广府菜、潮州菜、客家菜三大菜系。这些套餐均由粤菜名师名厨领衔设计，根据不同地域（区），细分为"点心""热菜""汤"等9种有故事、有文化底蕴的地方菜品。

国以民为本，民以食为天。我们借助岭南源远流长的饮食文化，培养具有工匠精神、勇于创新的粤菜师傅，必将推进粤菜产业发展，助力"粤菜师傅"工程，助推广东乡村振兴战略，对社会对未来产生深远影响。

广东省职业技术教研室

2019年8月

CONTENTS

# 目录

# 一、客家风味点心
# "粤菜师傅"学习要求

客家风味点心（客家小吃）历史悠久，是客家饮食文化一个重要组成部分。客家风味点心是客家人逢年过节及做红白喜事才能吃上的，每种小吃几乎都与农事季节有关，或者反映了一种习俗。客家人历来善于烹饪，且技艺高超，至今他们仍爱用自己的土特产，制作传统名点心。客家风味点心具有取材广泛、加工方法独到、风味独特、品类繁多、易于保存等特点。客家人由中原南迁，依山而居，山中气候相对湿冷，于是客家食品口味均较浓烈、油量多，利于御寒祛湿。因此，油炸食品耐保存，于是成为客家人极为钟爱的点心及逢年过节必不可少的待客上品。其代表品种有：客家甜粄、客家酿粄、炸油果、忆子粄、丰顺菜粄、萝卜丸、客家糍粑、鸭嬷溜、梅州腌面、客家咸水角、河源猪脚粉、南雄饺俚糍、糖环、新丰牛角粽、鸡油糖丸等。

客家甜粄

# （一）学习目标

通过对客家风味点心"粤菜师傅"的学习，粤菜师傅实现知识和技能的双线提升，既具有娴熟的客家风味点心操作技术，也掌握系统的客家风味点心理论知识。学习目标主要包括知识目标和技能目标两个方面，具体内容如下：

## 1.知识目标

（1）理解客家风味点心的含义。

（2）掌握各种工具及设备在点心制作中的用途。

（3）熟悉制作客家风味点心的各种原料及其作用。

（4）熟悉客家风味点心馅心的种类及制作。

（5）了解客家各地方的特色风味点心。

（6）掌握点心的加温方法，了解成本核算的基本方法。

## 2.技能目标

（1）能制作常用客家风味点心的馅料。

客家风味点心制作工艺

（2）能对客家风味点心各品种进行加工成型。

（3）能够运用适当的加工方法制作相应的客家风味点心。

（4）能够完整地制作具有地方特色的客家风味点心。

# （二）基本素质要求

客家风味点心粤菜师傅除了需要掌握系统的理论知识和扎实的操作技能之外，同时必须具备良好的职业素养。根据餐饮服务行业的特点，粤菜师傅必须具备的职业素养包括以下几个方面：

### 1. 具备优良的服务意识

餐饮业定义为第三产业，是服务业的一块重要拼图，这就决定了餐饮业从业人员必须具备强烈的服务意识及优良的服务态度。服务质量直接影响企业的光顾率、回头率及可持续发展，由此可以看出，粤菜师傅的工作态度，直接影响菜品的出品质量，并间接决定了粤菜师傅的行业影响力。基于此，粤菜师傅必须时刻端正及重视自身的服务态度，这是良好职业素养的基石。常言道，顾客是上帝，只有把优良的服务意识付诸行动，贯彻于学习和工作之中，才能够精于技艺，才能够乐享粤菜师傅学习的过程，才能够保证菜品的出品质量。

点心制作基本工练习

### 2. 具备强烈的卫生意识

粤菜师傅必须具备良好的卫生习惯，卫生习惯既指个人生活习惯，同时也包括工作过程中的行为规范。卫生是食品安全的有力保障，餐饮业中的食品安全问题屡见不鲜，其中很大一部分与从业人员的卫生习惯密切相关。粤菜师傅首先必须从我做起，从生活中的点滴小事做起，养成良好的个人卫生习惯，进而形成健康的饮食习惯。除此之外，粤菜师傅在菜品制作过程中要严格遵守食品安全操作规程，拒绝有质量问题的原材料，拒绝不能对菜品提供质量保障的加工环境，拒绝有安全风险的制作工艺，拒绝一切会影响顾客身心健康的食品安全问题。没有良好的卫生习惯，一定不能成就一位合格的粤菜师傅。

厨师既是美食的制造者，又是美食的监管者，因此，厨师除了具有食物烹饪的技能之外，还须具备强烈的、潜移默化的卫生意识，绝对不能马虎，时刻不能松懈。厨师的卫生意识包括个人卫生意识、环境卫生意识及食品卫生（安全）意识三个方面。

### 3.具备突出的协作精神

一道精美的菜品从备料到出品要经过很多道工序，其中任何一个环节的疏忽都会影响菜品的出品质量，这就需要不同岗位的粤菜师傅之间的相互协作。好的菜品一定是团队智慧的结晶，反映出团队成员之间的默契程度，绝不仅是某一位师傅的功劳。每位粤菜师傅根据自身特点都拥有精通的技能，是专才，并非通才。粤菜师傅根据技能特点的差异而从事不同的岗位工作，岗位只有分工的不同而没有高低贵贱之分，每个岗位都是不可或缺的重要环节，每个粤菜师傅都是独一无二的。粤菜师傅之间只有相互协作、目标一致，才能够汇聚成巨大的能量，才能够呈现自身的最大价值。

## （三）学习与传承

粤点的快速发展离不开一代又一代粤菜师傅的辛勤付出，粤菜师傅是粤点发展的原动力。粤菜文化与粤菜师傅的工匠精神是粤菜的宝贵财富，需要继往开来的新一代粤菜师傅的学习与传承。

### 1.学习粤菜师傅对职业的敬畏感

老一辈粤菜师傅素有专一从业的工作态度，一旦从事粤菜烹饪，就会全心全意地投入钻研粤菜烹饪技艺及弘扬粤菜饮食文化的工作中去，把自己一生都奉献给粤菜烹饪事业，日积月累，最终实现粤菜师傅向粤菜大师的升华。这种把一份普通工作当作毕生的事业去从事的态度，正是我们常说的敬业精神。在任何时候，老一辈粤菜师傅都会怀有把自己掌握的技能与行业的发展连在一起，把为行业发展贡献一份力量作为自身奋斗不息的目标，时刻把不因技艺欠精而给行业拖后腿作为激励自己及带动行业发展的动力。这份对所从事职业的情怀与敬畏值得后辈粤菜师傅不断地学习，也只有喜爱并敬畏烹饪行业，才能够全身心投入学习，才能够勇攀高峰，才能够把烹饪作为事业并为之奋斗。

## 2.学习粤菜师傅对工艺的专注度

老一辈粤菜师傅除了具有敬业的精神之外，对菜品制作工艺精益求精的执着追求也值得后辈粤菜师傅学习。他们不会将工作浮于表面，不会做出几道"拿手"菜肴就沾沾自喜，迷失于聚光灯之下。他们深知粤菜师傅的路才刚刚开始，粤菜宝库的门才刚刚开启，时刻牢记敬业的初心，埋头苦干才能享受无上的荣耀。须知道，每一位粤菜师傅向粤菜大师蜕变都是筚路蓝缕，没有执着的追求，没有坚定的信念，没有从业的初心是永远没有办法支撑

专注学习

粤菜师傅走下去的，甚至还会导致技艺不精，一事无成。只有脚踏实地、牢记使命、精益求精才是检验粤菜大师的试金石，因为在荣耀背后是粤菜大师无数日夜的默默付出，这种执着不是一般粤菜师傅能够体会到的。正如此，必须学习老一辈粤菜师傅精益求精的执着态度，这也是工匠精神的精髓。

## 3.传承粤菜独树一帜的文化

粤菜文化具有丰富的内涵，是南粤人民长久饮食习惯的沉淀结晶。广为流传的广府茶楼文化、点心文化、筵席文化、粿文化、粄文化，还有广东烧腊、潮式卤味等，都成了粤菜文化具有代表性的名片，是由一种饮食习惯逐步发展成文化传统。只有强大的文化根基，才能够支撑菜系不断地向前发展，粤菜文化是支撑粤菜发展的动力，同时也是粤菜的灵魂所在，继承和弘扬粤菜文化对于新时代粤菜师傅尤为重要。经过历代粤菜师傅的不懈努力，"食在广州"成了粤菜文化的金字招牌，享誉海内外，这是对粤菜的肯定，也是对粤菜师傅的肯定，更是对南粤人民的肯定。作为新时代的粤菜师傅，有义务更有责任把粤菜文化的重担扛起来，引领粤菜走向世界，让粤菜文化发扬光大。

### 4. 传承粤菜传统制作工艺

随着时代的发展，各菜系之间的融合发展越来越明显，为了顺应潮流，粤菜也在不断推陈出新，新粤菜层出不穷，这对于粤菜的发展起到很好的推动作用，唯有创新才能够永葆活力。粤菜师傅对粤菜的创新必须建立在坚持传统的前提基础上，而不是对粤菜传统制作工艺的全盘否定而进行的胡乱创新。粤菜传统制作工艺是历代粤菜师傅经过反复实践而总结出来的制作方法，是适合粤菜特有原材料的制作方法，是满足南粤人民口味需求的制作方法，也是粤菜师傅集体智慧的结晶，更是粤菜宝库的宝贵财富。新时代粤菜师傅必须抱着以传承粤菜传统制作工艺为荣，以颠覆粤菜传统为耻的心态，维护粤菜的独特性与纯正性。创新与传统并不矛盾，而

梅州腌面

是一脉相承、相互依托的，只有保留传统的创新才是有效创新，也只有接纳创新的传统才值得传承，粤菜师傅要牢记使命，以传承粤菜传统工艺为己任。

总之，粤菜师傅的学习过程是一个学习、归纳、总结交替进行的过程。正所谓"千里之行始于足下，不积跬步无以至千里"，只有付出辛勤的汗水，才能够体会收获的喜悦；只有反反复复地实践，才能够获得大师的精髓；只有坚持不懈的努力，才能够感知粤菜的魅力……通过客家风味点心粤菜师傅的学习，相信能够帮助你寻找到开启粤菜知识宝库的钥匙，最终成为一名合格的粤菜师傅。让我们一起走进客家风味点心的世界吧，去感知客家风味点心的无限魅力……

芋叶糍粑

# 二、客家风味
# 通用点心

# （一）蒸

## 客家发粄

### 名点故事

发粄又称酵粄、笑粄。农村逢年过节都有制作此粄，因发粄象征着家庭吉祥如意，所以人们蒸发粄还被看成来年家庭和顺的象征，发粄谐音兴旺发达，人人喜欢。可作为拜年、拜祭或走亲访友的送礼佳品。

### 加温方法

蒸法

### 风味特色

成品表面隆起有裂缝，香甜软糯

### ○○ 原 材 料 ○○

**主副料** 粘米粉500克，黄片糖100克，白砂糖100克，清水500克，酵母5克

### 工艺流程

1　将水加入黄片糖、白砂糖中煮至糖融化，降温备用。

2　把粘米粉和酵母拌匀，将糖水倒入，搅拌成无颗粒的粄浆。

3　发酵30~40分钟后倒入模具，放入蒸柜蒸至隆起开裂即可（约30分钟）。

### 技术关键

1. 糖水要降温至35~40℃后倒入粉中，温度不能过高，否则不利于酵母发酵。
2. 掌握好发酵的时间和温度，保证成品的口感和质量。

### 知识拓展

发粄和发糕有一定的区别，制作发糕无须添加酵母进行发酵。

# 客家甜粄

## 名点故事

客家人过年有"不蒸甜粄不过年"的说法，过年吃甜粄，寓意着生活甜甜蜜蜜。在农村的客家人过年走亲戚拜年时，通常也会提着一块大甜粄当作送礼，对方礼尚往来，也会回送一块甜粄。民间还有在正月二十，用甜粄纪念女娲的习俗，所谓"一块甜粄补天穿"，祈求风调雨顺。

## 加温方法

蒸法

## 风味特色

成品软糯、味甜柔韧、切块食用，也可煎制食用，外酥内韧

○○ (原)(材)(料) ○○

**主副料** 糯米粉700克，粘米粉400克，红糖400克，清水800克

### 工艺流程

1 红糖加水煮成红糖水备用。

2 往糯米粉、粘米粉内加入煮沸的红糖水，揉匀。

3 取一个浅长方盘，在盘底抹油，将粄团倒入盘中摊开，用刮板摊平表面。

4 水开后下锅蒸，蒸熟后取出放冷后切块即可。

### 技术关键

1. 红糖水要趁热加入面团中揉匀。
2. 蒸的时间根据粄团的厚度决定。

### 知识拓展

传统的甜粄制作方法比较讲究，用七成糯米和三成粘米放水里浸泡，泡软后磨成米浆，滤去水分，接着把红糖熬成糖浆倒入，加温水揉搓，搓好的生甜粄摊在垫有竹叶或芭蕉叶的蒸笼上，一般蒸甜粄的蒸笼都有30多厘米高，所以要慢慢蒸4~5小时。

# 客家艾粄

## 名点故事

客家艾粄一般在清明期间制作食用，是很有风味的客家特色传统小吃。传说观音菩萨让老百姓用艾叶加粄吃下散发气味驱赶了一条孽龙，拯救老百姓。艾草温补祛湿，吃艾粄有保健功效。

## 加温方法

蒸法

## 风味特色

成品呈青褐色泽，有艾草香味，软糯有嚼劲

○ ○ 原 材 料 ○ ○

**皮 料** 糯米粉500克，艾草250克，清水少许

**馅 料** 花生200克，黑芝麻100克，白砂糖100克

### 工艺流程

1 艾草洗净，放入沸水中煮软，稍微沥干水分后剁成泥（或者用破碎机破碎成泥）。

2 将艾草加入糯米粉中，加少许清水揉匀，成为光滑不沾手的粄团。

3 把炒香的花生芝麻捣碎，加入白砂糖拌匀成馅料备用。

4 取一块粄皮，包入馅料，包好后下锅蒸熟。

### 技术关键

1. 剁好的艾草要趁热加入糯米粉中揉匀，不能完全冷却后加入，否则不易成团。

2. 煮艾草的水不用太多，否则艾草味会变淡。

### 知识拓展

1. 艾粄可包馅也可不包馅，包馅的馅心可分为甜馅和咸馅。咸馅一般是以眉豆或萝卜为主要原料调制而成。

2. 惠州地区的艾粄特点是甜皮咸馅。

# 菜汁包

## 名点故事

菜汁包在梅州大埔地区较为常见，已入选广东客家名小吃名录。由于菜汁包的原材料有面、肉和青菜，因此它的综合营养价值较高，吃起来很有菜香味，尤其可以给小孩增添了青菜的营养。

## 加温方法

蒸法

## 风味特色

松软可口，有独特的益母草味道，营养健康

### 知识拓展

用同样的方法在面团中加入南瓜泥、紫薯泥等可做出不同口味的包子。

。○ (原)(材)(料) ○。

**皮 料** 面粉500克，白砂糖100克，酵母5克，泡打粉5克，益母草300克，清水250克

**馅 料** 肉碎200克，冬菇15克，精盐2克，鱼露3克，生抽6克，老抽5克，胡椒粉2克

### 工艺流程

1　益母草加少量水打成汁。

2　面粉和泡打粉一起过筛，加入白砂糖、酵母、水、益母草汁，制成面皮。

3　把冬菇泡发后剁碎，加入肉碎中搅拌均匀，再加入各种调料搅拌均匀成为馅料备用。

4　用面皮包裹馅料制成包子形状。

5　发酵至2倍大后，入锅蒸约8分钟即可。

### 技术关键

1. 把握好面团发酵温度和湿度，发酵过度则包子软塌、有酸味，发酵不够，蒸出来包子比较结实、个头小、不松软。

2. 一般发酵至2~3倍大即可放入蒸笼内蒸制。

3. 酵母可以根据气温不同增减量，夏季可以减少用量。

# 客家酿粄

### 名点故事

客家酿粄是客家的传统小吃，据说由于南迁的客家人思念北方的包子或饺子，苦于没有面粉，于是便用米粉代替，而成了客家酿粄，其形如大饺子。

### 加温方法

蒸法

### 风味特色

色泽洁白透亮，口感软糯而富有弹性，馅料香味浓郁、爽嫩

∘○ 原 材 料 ○∘

皮 料 糯米粉300克，粘米粉300克，开水300克

馅 料 猪肉350克，生葛200克，蒜苗150克

**工艺流程**

1 将糯米粉、粘米粉混匀后，加入开水和匀，制成酿粄坯。

2 将猪肉剁碎，与其他馅料一起炒熟。

3 取一块粄坯皮擀圆后包入馅料，捏成半月形，捏紧封口。

4 粄箅上涂上适量生油，放上制作成型的酿粄大火蒸8~10分钟即可。

**技术关键**

1. 粄皮的制作。
2. 收口要紧，以防漏馅。
3. 把握好蒸制火候。

# （二）煎

# 客家南瓜饼

## 名点故事

南瓜具有很高的营养价值，含多种维生素和果胶，热量低，对于美容、抗衰老、预防癌症、防治糖尿病、高血压等方面起到有效作用。南瓜制作成的点心受到人们的欢迎。

## 加温方法

煎法

## 风味特色

成品色泽金黄，香甜软糯

○ ○ 原 材 料 ○ ○

**主副料** 糯米粉500克，南瓜1500克，白砂糖150克

### 工艺流程

1 南瓜去皮切薄片，放蒸笼蒸软后压成南瓜泥。

2 南瓜泥中加入白砂糖、糯米粉搅拌均匀，揉成较干的粄团。

3 把揉好的粄团分成大小均匀的小团，轻轻压扁成饼坯。

4 锅内烧热油后，把饼坯放入锅里用小火煎，煎成两面金黄即可。

### 技术关键

控制火候，小火双面煎，煎至熟的同时保证色泽金黄。

### 知识拓展

1. 南瓜饼也可蒸熟后食用。
2. 可根据个人口味和南瓜的品种质量适当增减白砂糖的用量。

# （三）炸

# 炸油果

**名点故事**

炸油果是客家人过春节的必备经典小食，在农村基本上家家户户都"噗煎堆"，意思是炸油果。由于油果呈圆形，甜味，过春节吃油果象征着生活更加甜蜜，家庭团圆。客家油果的历史比较久，在很多人的记忆中，吃油果是儿时过年的美好回忆。蒸几个油果做早餐，配上一碗白粥，颇有乡土风味。

**加温方法**

炸法

**风味特色**

成品色泽金黄，酥脆香甜，清香软糯

· ○ **原** **材** **料** ○ ·

**皮 料** 糯米粉450克，粘米粉50克，黄片糖125克，清水250克

**工艺流程**

1 黄片糖加水煮成糖水，往糯米粉内加入糖水，揉匀。

2 加入少量粘米粉，继续揉至光滑的面团。

3 揉好面团分成每份40克，搓成长条形或圆形。

4 下油锅炸至金黄色成熟浮起，捞出即可。

**技术关键**

1. 糖水要趁热或稍降温后加入糯米粉中揉成团。
2. 炸油果时边炸要边搅动，让油果更好地成型。
3. 炸至金黄色时稍加大油温即可出锅。

**知识拓展**

油果，也称煎堆、油糍。有些地区的油果常用糯米粉和番薯泥或紫薯泥做原料，趁热在糯米粉中加入蒸好的番薯泥或紫薯泥，并加入适量糖，揉成光滑的面团再炸制，这样的油果也别具特色与风味。

# （四）煮

## 萝卜粄

### 名点故事

萝卜粄是客家粄中较为有名的一种。俗话说"冬至大过年"，到了冬至这天，家家户户的妇女都会从早开始忙碌制作萝卜粄，很多人在这天以粄代饭，饱感十足。

### 加温方法

煮法

**○·○ 原 材 料 ○·○**

皮 料 糯米粉500克，开水260克

馅 料 萝卜250克，冬菇50克，腩肉100克，虾皮20克，红葱头25克，精盐5克，鸡精2克，胡椒粉3克

### 工艺流程

1 糯米粉中加入开水，并用筷子搅拌，揉成光滑不粘手的面团。

2 萝卜切丝，冬菇切碎，加入精盐、鸡精、胡椒粉调好味后和其他馅料一起炒熟后放凉待用。

3 取一块粄皮包入馅心，捏合成形（皮50~75克，馅约60克）。

4 把萝卜粄放入锅中煮熟，煮熟好盛出放入炒过的虾皮，撒上葱花。

### 技术关键

1. 揉粉团时开水要慢慢加入。
2. 捏合成型时收口要捏紧，防止露馅。

**风味特色**

成品洁白，表面光滑，口感糯软韧滑，馅料咸鲜

**知识拓展**

1. 萝卜粄也可以蒸或煎。
2. 萝卜粄的粄坯也可加入粘米粉，糯米粉和粘米粉的比例为7∶3。
3. 梅州的萝卜粄和河源、惠州的萝卜粄不同，梅州的萝卜粄是用粘米粉和萝卜丝制成。

客家风味点心制作工艺

# 薯粉粄

## 名点故事

薯粉粄又叫薯粉丸，是传统客家小吃。客家人将最普通的薯粉加上简单的配料制作而成，甜香可口。

## 加温方法

煮法

## 风味特色

色泽洁白，晶莹剔透，软韧光滑

### ·○ 原 材 料 ○·

**主副料** 木薯淀粉500克，开水250克，肉丝100克，冬菇10克，花生仁20克，虾米5克，胡椒粉2克，精盐2克，葱花2克

### 工艺流程

1 将木薯淀粉加入开水搅拌，搓揉成团。

2 分成小团，捏成古钱状，或捏成指节形，放入沸水中，煮至浮在水面后捞起。

3 将薯粉粄拌上炒熟后的冬菇、肉丝、花生仁、虾米，洒上葱花等辅料后即可食用。

### 技术关键

水要趁热加入薯粉中揉成团，水量根据粄的软硬度适量加入。

# （五）炒

## 算盘子

### 名点故事

算盘子因形似算盘珠，以展示客家妇女崇尚文化、"会划会算会当家"的内涵而得名。

### 加温方法

炒法

### 风味特色

成品色泽洁白，形似算盘子，软韧有弹性

### 技术关键

1. 算盘子的造型要形象，注意大小均匀。
2. 算盘子生坯要放入开水中煮，不可以直接放入冷水中煮。

**原材料**

**主副料** 芋头100克，木薯淀粉500克，开水250克，瘦肉100克，冬菇5克，虾米5克，豆腐干20克，精盐2克，鱼露2克，胡椒粉2克，生抽少许

**工艺流程**

1 芋头去皮煮熟压成泥，加入木薯淀粉、开水揉成粄团。

2 将粄团搓成小圆球状，再用拇指和食指互捏，成两面凹的扁圆形，形如算盘上的珠子。

3 将算盘子生坯放进沸水锅里煮至浮起，即可捞起放凉。

4 锅中放油烧热，放入瘦肉、冬菇、虾米、豆腐干炒香。

5 最后放入算盘子、鱼露、精盐、胡椒粉等调料炒匀即可。

# 三、客家地方
# 风味点心

# （一）梅州风味点心

# 笋粄

## 名点故事

笋粄是客家小吃中最典型带有浓厚的中原饮食文化烙印的风味小吃，来到大埔"非吃不可"。聪明的大埔人把当地种植的山芋、薯类制成淀粉作"皮"，用当地盛产的竹笋、冬菇、木耳加以肉料作馅，变通制成形似"饺子"的粄，因内包馅料主要是竹笋，人们称之为笋粄。

## 加温方法

蒸法

## 风味特色

晶莹透亮，口感软韧，馅料咸鲜

・○ (原)(材)(料) ○・

**皮　料** 木薯淀粉500克，芋头泥50克，开水250克

**馅　料** 竹笋200克，瘦肉100克，虾米6克，冬菇10克，干木耳12克，豆干15克，精盐1克，蒜蓉1克，胡椒粉1克，鱼露2克，生抽5克，老抽少许，猪油适量

### 工艺流程

1 木薯淀粉加入开水搅拌均匀，加入芋头泥揉成光滑的面团。

2 虾米洗净，竹笋、冬菇切丁，瘦肉、木耳剁碎，豆干切粒，经过温油炒香后加入调味料备用。

3 取一块粄皮擀圆，包入馅心，捏合成半月形。

4 入锅大火蒸约8分钟即可。

### 技术关键

1. 揉粉团时加入开水，水温要高，成品才会有足够的韧性。
2. 粄皮必须揉至光滑，蒸出来的成品才会透亮。
3. 捏合成型时收口要捏紧，防止露馅。

# 忆子粄

皮　料　糯米粉500克，粘米粉150克，开水250克

馅　料　五花肉250克，豆腐干80克，冬菇50克，蒜蓉10克，花生油10克，精盐4克，鱼露6克，胡椒粉3克，味精2克

## 名点故事

忆子粄是大埔有名的传统小吃，相传在明代，大埔有位名叫松婶的人，其儿子武艺出众，长大后随师投奔郑成功麾下。松婶思念儿子，每逢中秋节，就做了儿子最爱吃的粄，摆在月下，焚香祷告。秋去春来，不知不觉度过了整整30年。那年中秋节，正当松婶在月下祷告时，儿子阿根突然回来了，母子相会，悲喜交集，阿根从白发苍苍的老娘手里接过忆子粄，欢庆团圆。

## 加温方法

蒸法

## 风味特色

色泽洁白，软糯咸香

### 知识拓展

馅料可根据个人口味增加鱿鱼丝、虾米等。

### 工艺流程

1 糯米粉加入开水揉搓至软韧光滑，再分别揉成小团，撒上适量的粘米粉，擀成粄皮备用。

2 五花肉、豆腐干、冬菇（泡发后）切丁备用。

3 锅内放入少量花生油，先后加入蒜蓉、冬菇、豆腐干、五花肉等炒熟，加入精盐、鱼露、胡椒粉、味精调味即可做成馅料。

4 取一块粄皮，压扁，把馅料放入粄皮内，包成圆柱体形状，再用干净的竹叶或蕉叶涂上油把粄坯包好。

5 放进蒸笼里，猛火蒸18~22分钟即可。

### 技术关键

粄要包成圆柱状，竹叶要尽量包紧，防止蒸的时候叶子掉出。

# 丁子粄

### 名点故事

丁子粄分红色和白色两种，是客家人的一道祭祀粄食。正月十五用红色丁子粄在祠堂祭祖，代表喜庆和吉祥如意，而清明节，上坟扫墓祭祖则多用白色丁子粄。

### 加温方法

蒸法

### 风味特色

色泽红亮，口感软糯

○·○ 原 材 料 ○·○

主副料 粘米300克，糯米200克，清水200克，红糖150克，红曲约3克

### 工艺流程

1 粘米和糯米按6:4的比例碾成粉。

2 把水、红糖和红曲一起煮开，加入米粉中，搓揉至光滑不粘手的粄团，再分别捏成小团。

3 用手掌搓成15~20厘米长的圆柱条形，放入蒸笼中猛火蒸透即可（20~25分钟）。

### 技术关键

做好的丁子粄大小要均匀，如果大小不一就会小的熟透了大的还没熟。

### 知识拓展

丁子粄也分咸、甜两种，根据个人喜好选择放糖或者放精盐制作。

# 鸡血粄

## 名点故事

相传很久以前，大埔客家某山村有个叫阿俭的妇人，很会勤俭过日子，得到全村父老的赞许。某一年，客家地区做年糕，蒸发粄过年的时候，阿俭发现刚做完粄的缸体壁上还沾着很多生粄浆，感到很可惜，于是她灵机一动，用勺盛来一些清水，将缸壁上的生粄浆慢慢洗下，然后用碗盛着放到锅里蒸熟，蒸热后发现此粄软韧光滑，晶莹透亮，由于米浆粉少，蒸出来的粄形很像凝结的"鸡血"，就这样，一传十，十传百，后来客家地区的妇女们争相学习阿俭做这种粄，大家都叫它"鸡血粄"。

## 加温方法

蒸法

## 风味特色

色泽洁白，软韧光滑

## ○ ○ 原 材 料 ○ ○

**主副料** 粘米500克，清水1000克，食用碱10克，精盐5克

### 工艺流程

1 将粘米浸泡，然后磨成米浆。

2 对入适量食用碱、盐水，用小碗盛上来浆。

3 放进锅内蒸熟即可。

### 技术关键

选用优质大米，用好水，禁用硼砂。

# 药粄

## 名点故事

客家人每年的农历三月或者七月有吃药粄的习俗，七月七药粄曾被评为"广东传统特色小吃"。相传，明朝时当地的一个李姓长者患上严重的肠胃病，生命垂危。七月七日子时，他在睡梦中得到神仙的指点，说只要采用7种草药制粄食用，他就可得救。他醒后，立即将梦中情景告诉自己的家人。家人立即采了7种草药制成粄，蒸熟给他食用。其食后，果然药到病除，起死回生。自此，每逢七月七大布村李姓后人都要制作药粄，以示纪念，也寄托对健康的祈望。

## 加温方法

蒸法

## 风味特色

草药味浓，清香软糯

∘○ 原 材 料 ○∘

**主副料** 糯米粉500克，白砂糖100克，清水200克，鸡屎藤5克，苎叶5克，艾草5克

### 工艺流程

1 把鸡屎藤、苎叶、艾草洗净，加清水一起放入搅拌机中打碎。

2 把打好的汁倒入锅中，加入白砂糖一起煮沸。

3 趁热倒入糯米粉中揉成光滑的粄团。

4 取一小块粄团，压扁，放入锅中蒸熟即可。

### 技术关键

注意水量，粄团揉到光滑不粘手即可。

### 知识拓展

1. 根据需要使用不同的青草药作为材料加入，如尖尾枫、香苏、牛膝头等。

2. 注意掌握青草药的药用特点和用量。

# 叶子粄

## 名点故事

叶子粄，用搽以猪油的竹叶包裹糯米粉、粟粉揉合成的粄团，蒸熟剥叶食用。

## 加温方法

蒸法

## 风味特色

香甜软糯

## 技术关键

1. 粄皮要揉光滑、均匀。
2. 蒸的时间根据粄团的大小灵活调整。

○ ○ (原)(材)(料) ○ ○

**主副料** 糯米粉500克，玉米粉150克，黄片糖200克，开水250克

## 工艺流程

1 黄片糖加水煮成糖水。

2 把糯米粉和玉米粉拌匀，加入糖水揉成光滑的粄团。

3 取一块粄皮搓成长条状，再用涂上油的竹叶包裹。

4 锅内烧水，水开后上锅蒸熟即可。

# 豆粄

## 名点故事

豆粄是大埔客家美食小吃，以木薯淀粉作皮，红豆为馅料，包裹成饺子形状。

## 加温方法

蒸法

## 风味特色

成品晶莹透亮，呈半圆形，口感软韧，软糯咸香

○。 原 材 料 。○

**皮 料** 木薯淀粉500克，开水250克

**馅 料** 红豆300克，精盐5克，鱼露3克

### 工艺流程

1 把红豆浸透煮熟，以熟而不烂为好，加入精盐、鱼露炒成馅料。

2 将木薯淀粉加适量沸水搓揉成光滑的粄团，再分成若干个小团，压成粄皮。

3 将豆馅放入粄皮，包成饺子状，放入蒸笼里蒸熟即可。

### 技术关键

做咸馅的豆粄，红豆不用煮太烂，煮到软绵即可，无须压成泥。

### 知识拓展

豆粄也可做成甜馅，甜馅的红豆可煮烂压成泥加糖拌匀。

# 印子粄

## 名点故事

印子粄是客家人办喜事专用粄类，由于制作过程相对复杂，传统的粄模比较难找，现在已经比较少人制作。

## 加温方法

蒸法

## 风味特色

松软香甜，不硬不软，有韧劲

○ ○ 原 材 料 ○ ·

**主副料** 粘米250克，糯米250克，红糖粉180克

### 工艺流程

1 将粘米和糯米按1∶1比例浸泡晾干后碾成粉，过筛。

2 把红糖粉加入粉中揉搓至湿粉状。

3 用特制雕刻有图案花纹的菱形粄模印制成粄。

4 放入粄箅上蒸熟即可。

### 技术关键

压模时要注意力度，力度大小对于成形及成品质量有一定的影响，需要灵活掌握。

### 知识拓展

印子粄的模具一般有特定的造型。

# 硬饭头粄

## 名点故事

硬饭头（又称土茯苓），具有清热解毒的功效。客家人有句话叫"无米煮就上山改硬饭头"，意思是没有米煮饭就到山上去挖土茯苓。在20世纪50年代，客家人实在找不到可以充饥的食物时，便一家老小带着"镢锄"、镰刀到山里去挖硬饭头并加工，为的就是硬饭头里的淀粉，可以填饱一时的肚子。现在的老人家都不忘当时挖硬饭头、吃硬饭头的艰苦岁月。

## 加温方法

蒸法

## 风味特色

硬饭头粄蒸熟后呈橘黄色，透明且有韧性，食之爽滑可口

○○ （原）（材）（料）○○

**主副料** 土茯苓500克，水400克，白砂糖100克

### 工艺流程

1 把土茯苓碾成粉状，除渣过滤。

2 加入水搅拌成粉浆，放入白砂糖搅匀，用小碗盛好，入锅蒸熟即可。

### 技术关键

要注意把土茯苓的渣去除，口感才更好

### 知识拓展

也可做成咸味的。

# 乌豆羹

## 名点故事

乌豆羹又叫"豆得羹"，是端午节的常见糕点。其制作工艺比较复杂，正宗的乌豆羹可以放置很久而不会变质。乌豆羹有补气补血的功效。

## 加温方法

蒸法

## 风味特色

香甜松爽，润滑可口

○ ○ （原）（材）（料）○ ○

**主副料** 糯米500克，乌豆80克，猪头骨500克，红糖200克，陈皮10克

### 工艺流程

1　将糯米炒到七成熟（金黄色）时碾成粉。

2　乌豆和猪头骨煲成汤汁，捞起骨头，加入红糖、陈皮、糯米粉一起搅拌后，充分揉合成团。

3　放入铜盆压平蒸熟。

### 技术关键

汤汁的量要适当，各种原料要揉合成团。

### 知识拓展

1. 红糖的用量因个人口味而异，喜清淡可少些，重口味可多些。
2. 可将猪骨汤改成将五花肉与乌豆一起煮烂，与糯米、红糖水揉搓成团。

# 绿豆粄

## 名点故事

绿豆具有清热解毒、抗菌抑菌、降血脂、保护肾脏等作用，而绿豆粄内含丰富的维生素、果糖、鞣质等营养成分，是一种老少皆宜的小食。

## 加温方法

蒸法

## 风味特色

清甜香鲜

○·○ 原 材 料 ○·○

皮　料 糯米粉500克，开水250克

馅　料 绿豆100克，红糖200克，橘饼20克，枣肉10克，桂圆肉10克，瓜片10克

### 工艺流程

1 糯米粉加入开水揉制成粄皮。

2 用煲好的绿豆及上述馅料作馅，包入粄皮内。

3 用涂上食用油的蕉叶或竹叶包成长方形状，放入蒸笼内蒸熟。

### 技术关键

把握好粄皮的制作。

### 知识拓展

可根据个人喜好添加不同馅料。

# 苎叶粄

**主副料** 苎叶500克，糯米粉500克，白砂糖150
克，清水100克

## 名点故事

"洋蚁子（蝴蝶）叶叶飞，
阿母做粄女儿归；大粄拿给
阿姊（姐姐）归，小粄留来
逗老娣（弟弟）"，意思是
过去逢年过节，出嫁女儿回
娘家，回家时要带回苎叶
粄。常吃苎叶粄，能耐饥
渴、长力气、除皮肤疾患，
强身健骨，是老少皆宜的天
然食品。

## 加温方法

蒸法

## 风味特色

香气可口，软而不腻

### 工艺流程

1 苎叶用沸水煮熟捞起，稍沥干水分。

2 将煮好的苎叶、白砂糖一起加入糯米粉中揉
匀，揉成光滑不沾手的粄团。

3 去一块粄团搓圆，压扁，放在锅上蒸熟即可。

### 技术关键

苎叶煮好后要捶烂和白砂糖一起加入糯米粉中揉
匀，防止粄团不成团。

### 知识拓展

苎叶粄分咸、甜两种，蒸熟后可冷吃、热吃。还
可以炸苎叶粄，炸苎叶粄金黄酥脆，清香甘润。

三、客家地方风味点心

31

# 味酵粄

**名点故事**

味酵粄是梅州的传统小吃。梅州农历六月六是"尝新节",农民会将第一担新米碾成粉制作味酵粄吃,庆祝收获第一批新米。把蒸熟的味酵粄碗面四周膨胀,中间凹成窝状,沾甜酱油佐食,故名味酵粄。

**加温方法**

蒸法

**风味特色**

色泽洁白,清甜软韧

**知识拓展**

红味的做法:蒜头爆香后加入水,再放入红糖、白砂糖和适量酱油,小火慢慢熬煮至稠,锅铲盛起倒下有一条线,红味就好了,把红味滤到容器里,去掉蒜头,凉后密封。

○ ○ 原 材 料 ○ ○

**主副料** 粘米粉250克,冷水250克,开水250克,枧水3克,红味(水250克,红糖100克,白砂糖50克,蒜头10克,酱油适量)

**工艺流程**

1 冷水加入粘米粉中,搅拌均匀后加入枧水,此时粉浆较浓稠。

2 用开水保持一定的高度冲入粉浆中,并用筷子迅速搅拌均匀。

3 用开水冲好的粉浆倒入小碗中。

4 蒸锅内烧开水后,放入小碗用旺火蒸10分钟,再中火蒸20分钟,至碗面周围膨胀,中间成窝形即可。

5 把红味淋在味酵粄上即可食用。

**技术关键**

1. 小碗尽量选择浅碗,深碗不易熟。
2. 搅拌粉浆的时候可以多搅拌几下,这样蒸出来的口感更有弹性。

# 丰顺菜粄

## 名点故事

丰顺粄菜是一种用作祭祀的粄，每年的春节和冬至，还有其他祭祀节日，丰顺人都要吃菜粄，这一传统已有数百年。

## 加温方法

蒸法

## 风味特色

皮质呈透明，皮糯不黏牙，味道香美

**原 材 料**

皮　料 粘米粉500克，清水250克

馅　料 五花肉300克，韭菜150克，食用油25克，精盐5克，味精2克

**工艺流程**

1 先按1：2的比重温开水加入粘米粉，搅拌均匀后加入搅拌成糊状，再用冷水搅和均匀。

2 韭菜洗净切碎，沥干水分；将五花肉切碎与韭菜及其他配料和成馅料。

3 把粄团捏一小团压成所巴掌大的薄圆形，放入馅料包裹好，粄皮两端捏紧。

4 放入锅中大火蒸15~20分钟即可。

**技术关键**

控制好粄皮的厚度。

**知识拓展**

丰顺菜粄可蒸或煎。

# 安名粄

### 名点故事

客家地区孩子出生满月后，要到村里家家户户送粄，告知父老乡亲孩子名字，这种粄被称为"安名粄"。

### 加温方法

蒸法

### 风味特色

颜色呈粉红色，软糯可口

**○ ○ 原 材 料 ○ ○**

**主副料** 粘米375克，糯米125克，清水200克，白砂糖250克，红曲适量

**工艺流程**

1 粘米和糯米以3：1的比例，泡水浸透后碾成粉。

2 加入糖水、红糴把粉搓揉成团。

3 用专用的粄印模印出造型，入锅蒸熟即可。

**技术关键**

红曲的使用量根据需要的成品效果灵活掌握。

**知识拓展**

安名粄也可做成咸味的。

# 红印粄

## 名点故事

红印粄是办喜事时常用的一道点心，以正面是龟甲，背面是寿桃最为普遍。作为龟甲和寿桃的红印粄，是除夕、清明等节令拜天神、祭祀祖先，以及娶媳妇、祝寿、庙会敬神明的食品。

## 加温方法

蒸法

## 风味特色

色泽喜庆，软糯适口

○○ (原) (材) (料) ○○

**主副料** 糯米250克，粘米250克，精盐5克，红曲适量

### 工艺流程

1 糯米和粘米按1 : 1比例洗净，浸泡透后沥干，碾成浆，脱水或者压干制成米团。

2 放入红曲搅拌均匀，反复揉搓成粄团。

3 放进粄印模型，印出花纹和造型，再用粄箅蒸熟即可。

### 技术关键

粄团的软硬程度要控制好，不能太稀或太软，否则难以成型。

# 芋丝粄

**名点故事**

芋头在每年农历八月前后较多，客家人把丰收的芋头做成芋粄、芋丝粄、咸芋头粄，多用于祭拜。

**加温方法**

蒸法

**风味特色**

口感爽滑，味道清香

○ ○ 原 材 料 ○ ○

主副料 粘米粉500克，芋头200克，清水400克，精盐6克，鱼露少许，味精适量

### 工艺流程

1 把芋头洗净去皮，擦成丝，炒香备用。

2 取一个大盆，把粘米粉倒入盆中，加入清水、炒香的芋头丝、精盐等搅拌均匀。

3 把搅拌均匀糊浆倒入涂了油层的铜盘或不锈钢盘中蒸熟即可。

### 技术关键

1. 芋头要先炒香再放入粘米粉中搅拌，可增加风味。

2. 蒸的时间要根据盘中糊浆的厚度决定，一般厚度7~8厘米的要蒸约1小时。

### 知识拓展

蒸好的芋丝粄可直接切块食用，也可切块后用油炸，成品咸香酥脆。

# 萝卜丸

## 名点故事

萝卜丸在客家地区有两种，一种是菜品萝卜丸，另一种是点心萝卜丸。点心萝卜丸的做法较为简易，只需要萝卜和淀粉即可。圆圆的萝卜丸，寓意着平安团圆。

## 加温方法

蒸法

## 风味特色

色泽洁白，晶莹透亮，清甜软滑

○○ 原 材 料 ○○

**主副料** 淀粉500克，萝卜250克，精盐5克，胡椒粉适量

### 工艺流程

1 将萝卜洗净去皮，擦成丝，飞水后沥干水分，加入精盐、胡椒粉拌匀。

2 加入淀粉捞匀，分别搓揉成丸子状，约35克一个。

3 锅内烧水，水开后上锅蒸约25分钟，蒸至晶莹透亮。

### 技术关键

加入淀粉时捞匀即可，不用揉搓，要保持萝卜丝的完整性，保证成品的美观性。

### 知识拓展

也可用木薯淀粉代替淀粉，两者在成品色泽和口感上有所区别。

# 黄粄

客家风味点心制作工艺

### 名点故事

黄粄是客家有名的传统美食，距今已有几百年，以平远最为有名，2009年，平远黄粄被列入梅州市第二批非物质文化遗产代表性项目名录。客家山歌《赞黄粄》：客家妹子打黄粄，全靠一身好腰板；打到禾米绕绕韧，吃到嘴里香喷喷。黄粄的食法很多，蒸、煮、煎、炒均匀，还可切片晒干，夏季用来煲糖或煲咸蛋，清凉解暑。

### 加温方法

蒸法

### 风味特色

口感香脆韧滑，色泽黄润

### 知识拓展

做好的黄粄通常用灰火浸没，藏于缸中，可留至第二年夏季。黄粄可与瘦肉、鱿鱼丝等熘炒。

· ◦ 原 材 料 ◦ ·

**主副料** 高禾香米15000克，灰水5000克，槐花籽50克

### 工艺流程

1 要用黄粄权树和布惊树叶烧成柴灰加开水（柴灰与水按1：4的比例）浸泡至灰沉底、过滤成灰水；槐花籽用2500克清水在高压锅中加热制成着色剂。

2 高禾香米加水隔夜浸泡；将浸泡后的高禾香米用饭甑蒸熟（约50分钟）成饭。

3 将蒸好的粄饭，摊开晾干放入瓦缸，拌入灰水、适量着色剂，再装入饭甑中蒸至上汽。

4 蒸熟的粄饭置于大石臼内，用木杵捶打约60分钟，捣烂成团，起堆后，用手揉搓均匀，制成大小不一的舌状即成。

### 技术关键

1. 注意整个流程的把握。
2. 用木杵捶打注意把握好力度、时间。

# 客家糍粑

## 名点故事

客家糍粑是客家的传统节庆小吃，糍粑凝聚了客家人的勤劳与智慧，代表着丰收的喜悦与幸福。某些地区保留着用糍粑祭祖、敬牛神的习俗。

## 加温方法

蒸法

## 风味特色

洁白质软，富有弹性，柔韧鲜滑，香甜可口

## 技术关键

蒸熟的糯米饭要趁热放入石臼里反复捶打，要捶打至有一定的黏性和韧性。

## 知识拓展

糍粑的简易做法是糯米粉中加入水、白砂糖调成稀糊上锅蒸熟，蒸熟后取出放入不锈钢盆中加入色拉油，用擀面杖反复搅捣至有韧性即可。

。○   料 ○。

**主副料** 糯米1500克，花生米200克，芝麻100克，白砂糖100克

### 工艺流程

1 糯米洗净后用清水浸泡，用蒸笼蒸熟。

2 蒸熟的糯米饭放进石臼里反复捶打至有韧性。

3 炒熟的花生米、芝麻捣碎，加白砂糖拌匀。

4 把捶打好的糍团分成大小均匀的糍粑，粘上花生芝麻糖即可食用。

# 鸡颈粄

## 名点故事

鸡颈粄是梅州客家传统小吃，"七分糯三分粘"，制作工艺相对复杂，因其成品的形状酷似鸡颈而得名，不认识鸡颈粄的外地人，常以为这是一道客家菜。

## 加温方法

煎法

## 风味特色

成品色泽金黄，外酥里嫩，香甜软糯，口感丰富

∘ ∘ (原) (材) (料) ∘ ∘

| 皮 料 | 糯米粉350克，粘米粉150，清水250克 |
|---|---|
| 馅 料 | 白砂糖120克，花生60克 |

## 工艺流程

1 把糯米粉和粘米粉加水揉成均匀的粄团。

2 取一小块粄团放进热油锅里煎，边煎边用锅铲把粄团压薄，煎至两面金黄。

3 趁热取出粄皮摊在瓷盘上，撒上白砂糖和炒熟并碾碎的花生，卷好。

4 用斜刀切成一圈一圈，竖起放在盘里，形状如同鸡颈。

## 技术关键

1. 煎粄皮尽量煎薄，并且要厚薄一致。
2. 卷粄皮时适当卷紧，防止松散不成型。

## 知识拓展

鸡颈粄的工艺多样，裹馅可以是椰丝、芝麻、腰果碎、松子仁等。

# 煎荠粄

## 名点故事

客家地区，荠菜比较多，吃荠菜的时令大约在清明时节前后。客家荠粄就是选取切碎的荠菜配以糯米糊，香煎成饼，外脆内软。荠菜可用于治疗高血压，因此被称为"降压菜"。

## 加温方法

煎法

## 风味特色

菜粄合一，香韧适中，美味诱人

○ ○ (原)(材)(料) ○ ○

**主副料** 木薯淀粉500克，荠菜500克，鸡蛋4个，肉碎250克，豆腐干100克，胡椒粉5克，精盐7克，清水、油适量

### 工艺流程

1 木薯淀粉加入沸水，掺入切碎的荠菜、肉碎、豆腐干、胡椒粉、盐等搅拌均匀。

2 热锅上油，把搅拌好的粉浆放入热锅中煎至两面熟透即可。

### 技术关键

1. 水量要合适，控制粉浆的稀稠度，粉浆不能太稠。
2. 油温需控制，小火两面煎至成熟。

### 知识拓展

采用清明时节上市的荠菜做荠粄，味道更佳。

# 萝卜烙

### 名点故事

萝卜性凉，味甘、辛，具有清热生津、凉血止血、下气宽中、消食化滞、开胃健脾、顺气化痰的功效。萝卜烙是用萝卜为原料做成的小吃，老少皆宜。

### 加温方法

煎法

### 风味特色

软嫩黏滑，清甜可口

### 技术关键

萝卜丝切得要细致，不能太粗，倒入锅中的粉浆不宜太厚，防止内部不熟，且煎出来的粄应厚薄一致。

°○ (原)(材)(料) ○°

**主副料** 粘米粉50克，萝卜200克，鸡蛋1个，精盐1克，清水适量

**工艺流程**

1 萝卜擦成丝后与粘米粉、清水、鸡蛋搅拌均匀。

2 放入油锅，小火煎至一面金黄熟透即可。

3 铲起，切件入碟即可食用。

# 玉米烙

## 名点故事

玉米烙是用玉米制成的一道风味小吃，做法简单，松脆可口。

## 加温方法

煎法

## 风味特色

色泽金黄，香甜可口

主副料 玉米200克，鹰粟粉500克，木薯淀粉100克，清水250克，糖50克，鸡蛋1个

### 工艺流程

1 将玉米煮熟或蒸熟备用。

2 将鹰粟粉和木薯淀粉拌匀后加入清水、糖搅拌均匀。

3 加入玉米拌匀成为均匀的面糊。

4 锅里烧油，倒入面糊，小火煎，煎至两面金黄即可。

### 技术关键

锅中的面粉糊不要太厚，否则内部不易煎熟。

### 知识拓展

鹰粟粉是用玉米制成的淀粉，比市面上一般淀粉更幼滑及洁白。

# 芍菜粄

## 名点故事

芍菜是农村地区常用作饲料的菜，客家人将其"变废为宝"，制作成粄。芍菜粄是大埔的一道传统小吃，菜香诱人，香韧适口，越嚼越有味，老少皆宜。

## 加温方法

煎法

## 风味特色

表皮酥脆可口，糯而不腻

◦ ○ 原 材 料 ○ ◦

**主副料** 木薯淀粉500克，芍菜300克，精盐3克，鸡蛋4个，清水适量

## 工艺流程

1 把芍菜洗净后稍微过水，切成丁状。

2 将木薯淀粉掺入切成丁状的芍菜，加入适量精盐、鸡蛋搅拌均匀。

3 倒入热油锅中小火煎至熟即可。

## 技术关键

1. 芍菜不能切得太碎，太碎口感不好。
2. 倒入锅中的粉浆不易太厚，防止内部不熟，且煎出来的粄应厚薄一致。

## 知识拓展

芍菜飞水半分钟左右，先放菜梗，后放菜叶，可以减少水分有利于煎制。

# 苦瓜饼

## 名点故事

苦瓜又称为凉瓜，由于其"不传己苦与他物"，因此被誉为"君子菜"。苦瓜营养价值较高，生瓜清热解毒、养颜嫩肤、降低血糖，熟瓜养血滋肝。苦瓜饼是客家人食用苦瓜的创新。

## 加温方法

煎法

## 风味特色

苦瓜味浓，软黏咸香

**原材料**

主副料 面粉500克，苦瓜300克，清水150克，鸡蛋2个，精盐5克

**工艺流程**

1 将苦瓜切碎，拌以鸡蛋、面粉，加入适量水搅拌均匀。

2 倒入烧热的油锅中煎至两面呈金黄色即可。

**技术关键**

注意厚薄均匀。

# 鸭嫲溜

**名点故事**

鸭嫲溜又叫汤圆，为大埔"广东客家名小吃"。

**加温方法**

煮法

**风味特色**

色泽洁白，香甜软糯

。○ 原 材 料 ○。

皮 料 糯米粉500克，开水250克

馅 料 芝麻50克，花生100克，白砂糖50克，橘皮5克

**工艺流程**

1 把糯米粉用开水揉成光滑的粄团。

2 把炒香去衣的花生和芝麻捣碎后和白砂糖拌匀制成馅料。

3 取一块粄皮，压扁，包入馅料，捏紧收口，制成一个个小鸭蛋状丸子。

4 橘皮加少许糖，加入水煮成糖水，配以煮熟丸子即可食用。

**技术关键**

1. 粄坯、馅心制作方法。
2. 煮制时的火候把握。

# 粟粄

**主副料** 糯米粉500克，小米粉250克，红糖250克，清水350克

## 名点故事

粟粄是以小米粉为主要原料制成的小吃，是大埔风味小吃之一。粟古称"稷"，俗称小米，品种繁多，俗称"粟有五彩"，有白色、红色、黄色、黑色、橙色、紫色各种颜色。粟生性耐旱，原产北方，大埔人种粟有较悠久的历史，粟粉曾成为主要杂粮之一。

## 加温方法

蒸法

## 风味特色

口感软糯，甜中带香

### 工艺流程

1 红糖加适量水煮成糖水。

2 小米粉与糯米粉放入盆中混匀，加入红糖水，先搅拌，在揉合成团状。

3 揉好的小米团分成一个个大小均匀的小剂子，用专用模具成型，放入蒸锅蒸熟即可。

### 技术关键

1. 粉团制作。
2. 蒸制火候的把握。

# 鸭松羹
# （压松羹）

## 名点故事

鸭松羹是客家地区为孩子做满月的代表性传统小吃，因此，人们常把给孩子做满月说成"请羹"，即请吃鸡酒和请吃鸭松羹。鸭松羹得名有两种说法，一是用鸭汤配以木薯淀粉、甜果、酥糖等烹制而成；二是以木薯淀粉、瓜丁、油糖等食材经调制入锅成羹，用搅棒反复搓揉，然后边下油糖边用锅铲反复拍压，使之由糊变羹，由韧变松，香甜松软，故名"压松羹"。

## 加温方法

煮法

## 风味特色

光亮润泽，香甜软糯

## ○ ○ 原 材 料 ○ ○

**主副料** 木薯淀粉500克，清水1000克，红糖300克，白砂糖500克，瓜丁20克，陈皮20克，花生米20克，芝麻20克，客家酥糖20克，生姜20克，猪油30克

## 工艺流程

1　木薯淀粉小火炒熟透后取出，过筛备用。

2　起锅放入少量猪油、生姜蓉爆香，加入水，下白砂糖、瓜丁、花生米、芝麻、客家酥糖、红糖、陈皮末煮成糖浆水。

3　把煮好的糖浆水缓慢均匀地倒入熟薯粉中，且要不停地用锅铲反复搅拌。

4　搅拌直到羹凝结成光亮润泽，香气喷发、柔滑时起锅，半烧热即可食用。

## 技术关键

1. 木薯淀粉必须炒熟透后再加入糖浆。
2. 糖浆倒入木薯淀粉中时要缓慢，小火加热，一边倒，一边用锅铲反复搅拌。

# 老鼠粄
（珍珠粄）

## 名点故事

老鼠粄是客家特色传统小吃，源于大埔，因为两端尖，形似老鼠，加之客家人惯称粉为"粄"，因此称为老鼠粄。著名作家杜埃认为老鼠粄名字不雅，故改名为"珍珠粄"。

## 加温方法

煮法

## 风味特色

成品洁白、剔透，色如珍珠，口感黏糯

### 知识拓展

老鼠粄的成型方法还可以是先把粄团搓成均匀的细条后，切小段，再把两头搓细。

· ○ 原 材 料 ○ ·

**主副料** 粘米粉500克，清水200克，肉末50克，葱花5克，胡椒粉适量

### 工艺流程

1　把水加入粘米粉中搅匀，调成米浆，把米浆煮好。

2　粘米粉加入米浆揉制均匀，静置松弛30分钟。

3　锅内加入水煮沸，转中火，并在锅上架以特制的"粄擦"，将粄团压在粄擦上来回摩擦，便可擦出粄条掉在锅中，待粄熟透浮面时捞起，置冷水中浸泡，冷却后捞起备用。

4　食用前，煮或炒均可，配上肉末、葱花、胡椒粉等佐料即可。

### 技术关键

1. 要等锅内水煮沸后才能擦入粄团生坯。
2. 在粄擦上擦粄团时，尽量控制力度均匀，使擦入的粄团大小均匀，长度一致。

# 仙人粄

## 名点故事

　　"仙人粄"又名草粄，由于是用"仙人草"制成而得名，是一种清凉饮料，与凉粉、龟苓膏相似。农历入伏吃"仙人粄"是客家人的习俗，据说这天吃了"仙人粄"，整个盛夏都不会长痱子。"仙人粄"有降温解暑之功放，且无受冷患寒之弊。

## 加温方法

煮法

## 风味特色

清甜爽口，沁人心脾

**主副料** 仙人草500克，木薯淀粉250克，清水2500克，红糖水250克

### 工艺流程

1 仙人草加清水熬制，过滤草渣后，把清水再煮开。

2 木薯淀粉加少许水调成糊状，缓慢倒入仙人草水中，边煮边倒，搅拌到凝结成糊状。

3 起锅入盆冷却后，变成黑色有光泽的胶状的粄即可。

4 食用时用刀具划开，装入碗内，配上熬制的糖水即可食用。

### 技术关键

仙人草熬制时间要长，熬制好后要把渣过滤掉。

### 知识拓展

食用"仙人粄"可配用蜂蜜。

# 苎叶糍粑

## 名点故事

苎叶属多年生草本植物，富含植物纤维，具有清热解毒，消肿止血的功效。

## 加温方法

煮法

## 风味特色

香甜可口，软糯美味

○○ (原)(材)(料) ○○

**主副料** 糯米500克，苎叶200克，清水250克，花生100克，芝麻50克，白砂糖50克

**工艺流程**

1 苎叶洗净，煮熟捞起备用。

2 糯米和苎叶揉合后分成若干大团，放进锅内煮熟捞起，再放入石臼内捶打揉合。

3 把捶打好的糍团，用手挤成糍粑形状即可。

4 把花生、芝麻炒香捣碎，加入白砂糖拌匀。

5 把糍粑蘸上一层花生芝麻糖即可食用。

**技术关键**

反复捶打，直至软韧黏。

# 白米豆羹

## 名点故事

白米豆即眉豆，白米豆羹是大埔传统小吃，曾被评为"广东客家名小吃"，农村逢年过节或办喜事，都有以此豆羹待客。"三月三，南坑人煮豆羹；四月八，南坑人妹子跌碧（一定要回娘家的意思）"，说明南坑村的白米豆羹较为有名。

## 加温方法

煮法

## 风味特色

豆味浓香，色泽红亮，香甜软糯

○○ （原）（材）（料）○○。

**主副料** 木薯淀粉500克，白米豆100克，清水1000克，猪头骨500克，红糖50克，白砂糖200克，姜10克

### 工艺流程

1 用白米豆、姜配猪头骨煲成汤汁，捞起骨头，剩下白米豆和汤汁备用。

2 在汤汁内加入红糖、白砂糖、木薯淀粉，在锅里反复搅拌成羹，熟透即可。

### 技术关键

根据汤汁的量适量加入糯米粉，羹不能太稀或者太稠。

# 艾丸

## 名点故事

艾丸就是用艾草和糯米粉制作而成的小吃。艾草是野菜的一种，一般在农村的田野、草地可以采到。清明前后采摘艾草，既可做艾板，又可做艾丸。艾草性温，其食用价值在客家地区家喻户晓，具有暖胃、祛寒的功效。

## 加温方法

煮法

## 风味特色

软糯可口，艾叶香味浓

## ◦○ 原 材 料 ○◦

**主副料** 糯米粉500克，艾草150克，清水适量，糖水或盐水适量

### 工艺流程

1 艾草加清水煮沸，稍沥干后切碎。

2 艾草加入糯米粉中拌匀，揉成团后，分成小团，入锅煮至艾丸浮起熟透即可。

3 捞起的艾丸放入煮好的糖水中，可热食或冷食。

### 技术关键

1. 艾草煮好后不用切太碎，切成丝即可。
2. 加入糯米粉中时要趁热或者带点温度，不用大力揉搓，能揉成团即可。

### 知识拓展

煮好的艾丸也可加入盐水食用。

# 芋丸

### 名点故事

芋头是客家人常见的食材。芋丸制作选用槟榔芋，保证独特口感。

### 加温方法

煮法

### 风味特色

咸香软糯

**知识拓展**

由于芋头的黏液中含有皂素，会刺激皮肤，造成皮肤发痒，芋头削皮、切丁时戴上手套更安全。

。○ 原 材 料 ○。

**主副料** 芋头1000克，木薯淀粉500克，清水150克，肉碎100克，冬菇10克，豆干20克，精盐5克，胡椒粉少许

**工艺流程**

1 芋头洗净去皮切丁，和副料炒香备用。

2 木薯淀粉中放入清水及其他食材，一起捞匀。

3 分成小团，揉圆，入锅蒸熟或者放入锅中煮至浮起即可。

**技术关键**

芋头加入木薯淀粉中捞匀即可，不用大力揉搓成团。

# 梅州腌面

## 名点故事

梅州腌面是传统的汉族小吃，客家人经过几次大迁移后，把中原部分饮食方式带到了南方，形成了的独特地方美食。许多在外工作的客家人都常怀念家乡腌面的味道，即便远在世界各地工作的客籍人，也挡不住因腌面情结勾起的乡情。如今，梅州腌面不仅是梅州特色小吃，也成为海外客家人思乡的眷恋。

## 加温方法

煮法

## 风味特色

颜色金黄，面香扑鼻，口感清香爽口，油而不腻

## 知识拓展

大埔腌面一般都要用猪肉碎拌匀，而梅州腌面可不加猪肉碎。

## ○○ 原 材 料 ○○

**主副料** 猪肉末100克，手工面200克

**料 头** 蒜蓉3克，葱花2克

**调味料** 精盐3克，鱼露2克，猪油3克，鸡精适量

### 工艺流程

1 炒锅下油，油烧至五成热。

2 放入蒜蓉，炸成金黄色，加精盐、鸡精关火。

3 手工面放入开水中，翻滚一次，捞出沥干水分。

4 加一勺猪油，半勺鱼露、葱花，并淋入猪肉末拌匀。

### 技术关键

蒜蓉要炸香，手工面要放入开水中烫，但不能烫太久，要保持面条的嚼劲和口感。

# （二）河源风味点心

# 九重皮

## 名点故事

九重皮是连平的著名小吃，九重皮如何而来无法考证，据说，以前客家人新房子盖瓦完工的时候，就会有亲戚送九重皮来道贺，意指"层层高"。后来逢年过节或嫁娶添丁时，也会做九重皮来讨个好兆头。

## 加温方法

蒸法

## 风味特色

色泽洁白，清甜软糯，口感多变

## 知识拓展

1. 原料加适量的马蹄粉或木薯淀粉一起蒸，口感更佳。
2. 淋在表面的配料还可以加入少许熟制的肉末、银虾。

**原 材 料**

皮 料　水磨粉（肠粉用粉）500克，清水1000克，木耳100克

辅 料　腐竹碎少许，酱油适量

## 工艺流程

1　粉里加入清水搅拌均匀，形成粉浆。

2　木耳用水泡开，洗净，切碎，放入粉浆中。

3　蒸盘涂油，倒入第一层粉浆，入锅蒸至凝固后倒入第二层。

4　每层蒸好后继续倒入，共九层。

5　蒸好后放凉切块，淋上酱油和炸过的腐竹碎。

## 技术关键

1. 要每一层的粉浆蒸好后再倒入下一层的粉浆。
2. 每一层倒入的粉浆量要保持一致，成品的层次才会厚度一致。

# 眉豆粄

## 名点故事

眉豆粄是一道曾经流行于河源大街小巷，深受广大市民喜爱的粄类小吃，在经历时代变迁后，仍颇受欢迎。

## 加温方法

蒸法

## 风味特色

色泽洁白，清香软糯，馅料咸香

### 知识拓展

1. 湿糯米粉一般100克糯米粉加30克左右水揉成团即可。
2. 熟糍是指糯米粉加适量冷水搅拌后蒸熟或煮熟后的粄团，粉与水比约为1：1.2。熟糍一般要提前熟制放凉备用，熟糍可增加粄坯的韧性。

·○○ (原)(材)(料) ○○·

皮 料 糯米粉500克，粘米粉250克，开水380克

馅 料 眉豆500克，精盐20克，胡椒粉12克，味精10克

### 工艺流程

1 眉豆煮熟后压成泥，加入精盐、胡椒粉、味精等搅拌均匀成为馅料备用。

2 把糯米粉和木薯粉拌匀，倒入烧开的水和油，用力揉搓，并加入熟糍，揉成光滑的粄团。

3 取一块粄团，约60克，擀成圆皮，包入馅料，收口捏紧朝下放入锅中，蒸15~20分钟即可。

### 技术关键

1. 开水边加边搅拌，水量根据粄团的软硬控制好。
2. 擀的粄皮不要太薄，否则容易露馅。

# 客家糯米糍

### 名点故事

糯米糍又叫状元糍,传统名点。糯米糍以糯米为主料,辅以其他佐料加工而成。

### 加温方法

蒸法

### 风味特色

色泽洁白,香甜软糯

1. 糯米糍的馅料可以多样化,如紫薯、红豆沙等。
2. 沾在糯米糍表面的糯米粉可以炒或烤至金黄色。

○ ○ 原 材 料 ○ ○

**皮 料** 糯米750克,清水500克
**馅 料** 花生200克,黑芝麻100克,白砂糖100克

### 工艺流程

1 花生、黑芝麻炒熟捣碎,加入白砂糖拌匀备用。

2 糯米洗净加水浸泡3小时,上锅蒸熟或放入高压锅煮熟。

3 煮好的糯米放入石臼中捶成糍粑状。

4 放凉,取一小块粄皮压扁,包入馅料,收口捏紧。

5 在包好的糯米糍表面在蘸一层熟的糯米粉即可。

### 技术关键

1. 糯米放入石臼中捶的时候可以加入少许玉米油,防止太黏或太干。
2. 包馅的时候粄皮要蘸上熟的糯米粉,防止粘手。
3. 包馅时注意皮与馅的比例。

# 红薯粄

**名点故事**

红薯含糖量为15%~20%，有保护心脏、预防肺气肿、减肥等功效。用红薯做成的红薯粄可以增加饱腹感、耐饿。

**加温方法**

煎法

**风味特色**

色泽金黄，香甜软糯，有嚼劲

○○ 原 材 料 ○○

主副料 糯米粉500克，红薯250克，白砂糖100克

**工艺流程**

1 红薯去皮切块蒸熟，压成泥，加入白砂糖拌匀。

2 趁热加入糯米粉中反复搓匀，揉成光滑的粄团。

3 取一小块粄团，压扁。

4 锅内放少许油，小火烧开，把粄团下锅煎至两面金黄即可。

**技术关键**

1. 红薯泥要趁热与糯米粉搓匀。

2. 小火煎，一边煎一边压扁压圆，根据粄团的厚度灵活掌握时间。

**知识拓展**

可用红糖或黄糖代替白砂糖，也可以根据红薯的甜度适当增减糖的用量。

# 咸糍

## 名点故事

咸糍是河源一道特色的小吃，在制作过程中添加了精盐、芝麻等，使得糍粑口味咸香，因其独特的风味深得人们的喜爱，也改变了人们对于糍粑一般只吃甜味的看法。

## 加温方法

炸法

## 风味特色

成品色泽金黄，呈圆饼形，表面平整，糯软咸香

○ ○ **原** **材** **料** ○ ○

**主副料** 糯米粉600克，熟糍50克，白砂糖130克，红薯250克，猪油30克，精盐18克，芝麻2克

### 工艺流程

1 红薯蒸熟，压成泥，加入糯米粉等原料中一起搅拌均匀，揉成光滑的粄团。

2 粄团分成均匀大小的小粄团，每个约50克，搓圆，压成饼状，中间挖一个圆孔即成咸糍生坯。

3 下油锅炸至金黄即可。

### 技术关键

1. 炸制时油温要控制得当。
2. 要注意保持咸糍的造型。

### 知识拓展

制作粄坯时红薯的质量和水分对粄坯制作有一定的影响，可换成土豆，粄坯的稳定性会相对好些。

# 客家咸水角

**名点故事**

咸水角常见于广式茶点中，客家咸水角以眉豆为主要馅料而在风味上区别于广式咸水角。

**加温方法**

炸法

**风味特色**

成品色泽金黄，呈半圆形，口感糯软，馅料咸香

**知识拓展**

熟糍是指糯米粉加适量凉水搅拌后蒸熟后的粄团，粉与水比约为1∶1.2。

**原材料**

皮　料　糯米粉450克，熟糍100克，清水20克，白砂糖120克，猪油30克

馅　料　眉豆500克，精盐20克，胡椒粉12克，味精10克

**工艺流程**

1　把清水、猪油、白砂糖一起煮开后倒入糯米粉搅拌均匀，加入熟糍，揉成光滑粄团。

2　眉豆加适量清水煮熟沥干，压成泥，加入精盐、胡椒粉、味精搅拌均匀制成馅心备用。

3　取粄皮擀成圆形，放入馅心，捏合成半月形。

4　下油锅炸至金黄即可。

**技术关键**

1. 粄皮要揉光滑。
2. 油温不用太高，炸至金黄色即可。

# 铁勺挞
## （铁勺喇）

**名点故事**

铁勺挞又叫铁勺饼、花生喇、黄豆喇，并且还有个很诗意的名字叫"豆饼月亮巴"，用它来比喻人生不受煎熬便不会成熟。铁勺挞是客家传统小吃，伴酒的理想小吃。由于刚制作好的铁勺喇很上火，所以要密封放置一段时间后才能吃。

**加温方法**

炸法

**风味特色**

成品色泽金黄，呈圆薄饼形，咸香酥脆

**知识拓展**

可视个人口味，加葱、黄豆、花生、芝麻等，但不同配料，油炸时间并不同。

○○ 原 材 料 ○○

**主副料** 粘米粉250克，清水300克，胡椒粉2克，精盐5克，花生30克，黄豆30克

**工艺流程**

1 往粘米粉中加入清水，放少量精盐、胡椒粉，搅拌。

2 把花生、黄豆倒入粉浆中。

3 大火烧开油，用铁勺挞舀一勺油，然后倒出，使勺底铺上一层薄油层。

4 将一勺粉浆倒入铁勺挞勺，入油锅静炸。

5 下锅定型后，轻轻晃动铁勺，待颜色金黄，抖动铁勺使铁勺挞脱落，捞起沥干油放凉即可。

**技术关键**

1. 铁勺上要有一层薄油，可以使铁勺挞炸熟后从铁勺上轻易脱落。

2. 下锅后要等铁勺挞定型后才能晃动铁勺，否则会影响成品的外观。

# 灯盏粄

## 名点故事

灯盏粄又称煎盏粄，是连平上坪、元善等地的客家特色风味小吃。它外脆里嫩，味道独特，经油炸的灯盏粄外形酷似古代扁圆形的菜油灯盏，由此得名。

## 加温方法

炸法

## 风味特色

色泽金黄，外脆里嫩

### 技术关键

1. 平底铁勺放入热油中烧热，要趁热淋上一层米浆。
2. 馅料摆放要饱满，形似"小山"，这样炸出来的灯盏粄造型才形象。

### 知识拓展

制作灯盏粄的盏托一般都有特定的造型。

。○ 原 材 料 ○。

皮 料　粘米粉500克，清水600克，鸡蛋1个，精盐2克

馅 料　萝卜1500克，盐5克，葱花10克，五香粉3克，辣椒少许

### 工艺流程

1 粘米粉中加入水、鸡蛋、精盐搅拌均匀。

2 萝卜去皮切丝，加入盐腌制5~10分钟后加入五香粉、葱花搅拌均匀。

3 把制作灯盏粄的盏托先放入油锅中烧热，趁热拿出淋上一层米浆，放入馅料，尽量覆盖饱满，以盏托边上不露出馅料为宜。

4 再淋上一层米浆盖住馅料，放入油锅中静炸，炸至金黄色即可。

# 薯圆

**名点故事**

薯圆是采用大薯作为原材料，口味一般是咸香的。大薯的颜色一般是紫色和白色，炸出来的薯圆颜色是紫色或金黄色。

**加温方法**

炸法

**风味特色**

软糯咸香

## 原 材 料

主副料 粘米粉60克，大薯500克，糯米粉150克，精盐5克

### 工艺流程

1 大薯去皮搓成泥，加入精盐搅拌均匀。

2 加入糯米粉、粘米粉搅匀，调成较稀的粉团即可。

3 把调好的粉团用手挤出丸子状再用汤匙勺出，下油锅静炸至浮起熟透即可。

### 技术关键

1. 注意控制油炸的温度。
2. 粉团不用调太稠，能捏成团即可。

### 知识拓展

1. 米粉根据粉团的稀稠度灵活添加。
2. 可根据自己的喜好添加五香粉或蒜蓉等调制。

# 灰水粽

## 名点故事

灰水粽体现了古人制作小吃的无穷智慧，将草木灰溶解沉淀澄清的液体称之为灰水，是天然的碱水。用这种灰水泡的糯米做的粽子颜色微黄，而且非常软糯，人们常把灰水粽蘸蜂蜜吃。为了丰富灰水粽的吃法，人们将灰水粽切成片状，煎至焦黄，淋上蜂蜜，更加香甜。

## 加温方法

煮法

## 风味特色

色泽微黄，口感软糯

### 知识拓展

1. 灰水是用特定的草木灰加水煮沸，过滤取上清液而得到碱性溶液。
2. 自制的灰水纯度和浓度不一，一般口感较涩的浓度较高，在使用上要注意量的使用。

  原 材 料

主副料 糯米500克，灰水适量，粽叶适量

### 工艺流程

1 糯米洗净，加水浸泡3~4小时后沥干，加入灰水拌匀，静置30分钟以上。粽叶洗净备用。

2 粽叶折成漏斗状，放入糯米（约九成满），折合粽叶盖上，包成四角粽子，用棉绳包好。

3 粽子放入冷水锅中，水量需掩盖过粽子，大火煮约1小时后，改用中小火继续焖煮3小时左右。

4 取出放凉后可蘸糖或蜂蜜等食用。

### 技术关键

1. 包粽子时不能包太紧，米粒不要放太多，否则包出来的粽子会很硬，不软糯。
2. 灰水的使用量要适度，影响成品的颜色和口感。

# 河源猪脚粉

### 名点故事

河源猪脚粉是河源十分盛行的早餐，从20世纪80年代开始，在老城区一带就有很多早餐店开始供应猪脚粉早餐，非常受欢迎。一湖一粉代表着河源人的生活，一湖即万绿湖，一粉即猪脚粉，两者又有着千丝万缕的关系，因为猪脚用万绿湖的水洗涤，去其油脂、臊味，又用万绿湖的水熬炖，肉质、胶质的鲜美爽滑，吃起来有嚼劲。另外，河源出产的米粉是用万绿湖的清水研浆，细而不断，久煮不烂，带韧劲。

### 加温方法

煮法

### 风味特色

猪脚鲜美爽滑而不腻，汤浓味鲜，米粉的米香味十足

### 知识拓展

吃猪脚粉时，可视个人习惯，增加猪杂、肉丸等，或配以酸菜、辣椒圈作为佐菜。

## ° ° 原 材 料 ° °

**主副料** 猪头骨半只，猪脚500克，左口鱼1条，米排粉2块/人

**料　头** 葱花5克

**调味料** 精盐15克，味精3克，胡椒粉2克

### 工艺流程

1  猪头骨、猪脚、左口鱼洗干净备用。

2  将猪脚斩件后冲洗干净，冷水放入锅中，先用大火煮开捞起，用冰水过，冲水20分钟。再冷水下锅煮开冲水20分钟，至猪脚雪白皮爽。

3  左口鱼放入烤箱烤至酥脆，打成粉备用。

4  猪头骨、3勺左口鱼粉、精盐、胡椒粉、味精落入砂锅炖熬2小时至汤浓。

5  米排粉冷水泡2分钟，捞起沥干水至少10分钟。

6  浓汤滚后，将米排粉在大水中滚20秒，捞起放入碗中，加入汤底和猪脚，撒上葱花即可。

### 技术关键

1. 猪脚煮熟后，要马上冲冷水，保持猪脚的爽口。
2. 米排粉不要在开水中泡太久。

# （三）韶关风味点心

# 乐昌北乡菜包

**名点故事**

乐昌北乡自古以来冬季就以风霜出名，当地民众有种说法南华寺的钟，北乡的风。由于每年冬季霜雪都会把蔬菜打坏，唯有菩芷菜是经得起霜雪的。年关亲戚往来，接待亲朋好友，把糯米、冬菇、猪肉和菩芷菜包在一起。

**加温方法**

蒸法

**风味特色**

入口淋滑，有糯米清香

○○ **原** **材** **料** ○○

**皮　料** 糯米500克，菩芷菜500克

**馅　料** 湿虾米50克，猪肉50克，湿冬菇50克，葱白10克，花生油20克，精盐10克

**工艺流程**

1　糯米煮成糯米饭。菩芷菜飞水待用。

2　将猪肉切中粒，虾米、冬菇发好切粒，加入葱白、花生油和调味料制成熟馅。

3　将菩芷菜摊开，铺上糯米饭，把馅料包在米饭中间卷起，包卷时从叶尾开始，两侧合围包卷至菜梗末端，包成日字块，收口朝下。

4　摆件上蒸笼蒸15分钟。

**技术关键**

糯米饭煮熟透，蒸时要扫上花生油。

**知识拓展**

馅料可变化，可用火腿、腊肉、洋葱、萝卜、豌豆等。

# 乐昌鸡蛋糍

## 名点故事

乐昌南部长来一带的村庄，历代有制作鸡蛋糍的习惯，是乡亲联谊聚会上的一种小吃，因形状像鸡蛋故名"鸡蛋糍"。

## 加温方法

蒸法

## 风味特色

鲜香爽滑

### 技术关键

米浆用中慢火在大锅煮成粉团，要用勺子不停搅动成粉团为止。

○。○ 原 材 料 ○。○

皮　料　粘米500克，碱水10克，花生油20克，精盐10克

馅　料　猪肉200克，笋干、黄豆芽、酸豆角各100克，煎鸡蛋2个，葱白、姜粒各10克，湿虾米20克

### 工艺流程

1 粘米洗好，水泡3小时，磨成米浆。

2 放在大锅中慢火铲熟成粉团，捞起。

3 粉坯中加入花生油和碱水搓匀。

4 把猪肉、笋干、黄豆芽、酸豆角、煎鸡蛋切粒和湿虾米落锅炒熟炒香，加调味料，葱白、姜粒制成熟馅。

5 粉坯出剂50克左右一个，包入馅料15克做成蛋形生坯。

6 用芭蕉叶垫底排好，下镬大火蒸15分钟即成。

### 知识拓展

馅料可多变。

# 南雄船糍

## 名点故事

南雄地处长江支流赣江和珠江水域的分水岭，南北水运交汇之处，古时商贾云集南雄交换商品，许多货物都是靠水上运输，这些长期在水上运输货物的人就被称作水上人家，他们利用本地出产的大米，河中的鱼虾等制作出地道风味小吃。船糍的制作工艺在水上人的手中已经传承了几百年，味道依然传承至今。

## 加温方法

蒸法

## 风味特色

糍粑橙黄，色泽靓丽

### 知识拓展

可用糯米粉或粘米粉加澄面做船糍，船糍可切件加料炒、煮、煎等。

○○   ○○

**主副料** 粘米500克，清水600克，淀粉50克，黄栀子2粒，茶枧水5克，精盐5克

### 工艺流程

1 加水将粘米浸泡，冬季要3~4小时，夏天时间要短一点，然后将浸泡好的米磨成浆。

2 将米浆放入米袋压成干浆。用100克水将黄栀子煮成黄色栀子水，备用。将结块的米浆压散，加入淀粉拌匀。

3 清水500克烧开，然后分次加入压散的米浆搅拌均匀，加入黄栀子水、精盐和枧水拌匀。

4 把米浆倒入蒸盘内，大火蒸20分钟即熟。

5 蒸好的船糍晾凉之后，就可以切块保存起来。可炒可煮。

6 食时将船糍切块，锅中放入生油加入切好的糍块、河虾仔或鱼仔干、葱花、调味料等炒熟。

### 技术关键

1. 烫浆是做船糍最关键的一个步骤。
2. 米浆要搅拌均匀幼滑，无起粒。

三、客家地方风味点心

# 南雄饺俚糍

## 名点故事

古老的雄州镇（现今南雄城区），城里有条凌江河，很多人靠打渔为生，称为"船佬"，随着经济的发展，"船佬"上岸做生意，把他们的传统小吃带上岸，称为"饺俚糍"，"饺俚糍"外形像饺子，但其实是糍，好吃又好看。很受大家欢迎，是最具南雄特色的小吃之一。

## 加温方法

蒸法

## 风味特色

色泽金黄，皮软柔韧

## 知识拓展

黄栀子为天然色素，粤北山区都有这种植物，每年9—11月，上山采摘，晒干，一年四季可用。

°○ 原 材 料 ○°

皮 料 澄面粉350克，木薯淀粉150克，猪油20克，清水600克，黄栀子3粒

馅 料 酸菜300克，精盐3克，花生油30克，白砂糖5克

### 工艺流程

1 黄栀子3粒磨碎加水煮，煮水成橙黄色。

2 澄面粉和木薯淀粉过筛拌匀，倒入用黄栀子煮好的开水，搅拌，加入猪油，揉成面坯。

3 面团搓条，出剂再分成15克小块，拍压成饺子皮模样。

4 包入酸菜馅料，如油角一样捏起卷边。

5 上锅蒸6分钟即可。

### 技术关键

1. 澄面一定要烫熟，否则要霉身，不爽滑。
2. 拍皮厚薄要均匀。

# 酥香油角

## 名点故事

客家人传承了中原饮食，在往南迁移时，聪明的客家先人就想出了通过油炸的方式将北方的饺子带在路上充饥，经传承和演变成为如今油角，油角和水饺的形状类似，亦像钱包，寓意钱包饱胀，明年赚钱赚到盆满钵满，每逢过年一家老小围着桌子包油角，形状各异，经过油炸都变成了酥香饺子，现在粤、赣、闽地区的客家人过年还盛行包油角、吃油角的习俗。

## 加温方法

炸法

## 风味特色

酥脆香甜，外形美观，回味无穷

## ○·○ 原 材 料 ○·○

**皮　料** 面粉500克，猪油75克，鸡蛋1只，清水200克

**馅　料** 白砂糖200克，花生仁150克，白芝麻50克，黑芝麻50克

### 工艺流程

1 将打散的鸡蛋加入到面粉中，加入猪油、清水揉成面团。

2 花生仁炒香去衣压碎，与白砂糖、白芝麻一起拌匀成馅。

3 取小块面团擀开，厚度2~3毫米，用圆形模具印皮，包入馅料，捏出卷边花纹。

4 放入六成热油镬慢炸约5分钟变金黄色即可。

### 技术关键

1. 炒花生仁时要用慢火，慢慢炒出香味。
2. 包馅时一定要捏紧锁边，防止炸制时裂口。
3. 炸时油温不宜过高，以免油角开裂。

### 知识拓展

馅料可加入椒蓉增加口感。

# 竹筒饼

## 名点故事

古代客家人外出劳作，多在田埂地头喝水、吃饭，节省往返时间多耕作。为了携带方便，使用竹筒装水，并自制竹筒饼盒，装上米饼带到田埂作干粮，当农耕饥饿时，就在田埂上吃竹筒装的米饼充饥，日子久了，人们便称这种米饼为"竹筒饼"。

## 加温方法

蒸法

## 风味特色

松香可口

○。 原 材 料 ○。

**主副料** 粘米500克，花生仁100克，芝麻50克，冰片糖150克，清水150克，花生油100克

### 工艺流程

1　先将米洗干净后晾干，落锅炒至微黄色，将炒好的米磨成米粉。

2　将花生仁、芝麻用锅炒香，花生仁去衣碾碎。

3　冰片糖用水煮成糖浆。

4　将上述材料和米粉搅拌均匀，将搅拌均匀的米粉放入饼印中成型。

5　将成型的竹筒饼用竹米筛装好，放入大锅，再用竹米筛盖住，然后用水蒸2~4分钟即可。

### 技术关键

1. 粉坯的干湿度要适中，用手揸能成团，放入饼印中要压实。
2. 摆放成型的竹筒饼易碎要轻拿轻放。

### 知识拓展

可加入炒香的核桃仁、葡萄干制作各种风味。

# 古夏谷花糍

## 名点故事

古夏谷花糍是仁化糍中最负盛名的，谷花糍以其古老的纯手工制作方法，色泽金黄诱人，皮脆馅香，特别是用柴火锅将优质糯谷爆出的谷花，酥香浓郁甜而不腻，为仁化地道小吃制作的典范。仁化古夏村，2016年被国家住房城乡建设部列入第四批中国传统村落名录。

## 加温方法

炸法

## 风味特色

色泽米黄，皮脆糯香，甜而不腻

### 知识拓展

谷花加入糖浆捏成小团后可用糯米粉、面包糠、脆浆包裹再炸。

○ ○ 原 材 料 ○ ○

 糯谷500克，粘米粉500克，冰糖1000克，花生油10克，清水800克

### 工艺流程

1 用柴火把大镬烧热，倒入当季新出产的糯谷，高温快速翻炒，爆出谷花。

2 挑出谷花中的稻壳等杂物，摊晾几天让谷花稍微润湿。

3 将冰糖、水及少许花生油熬制成黏稠的糖浆。

4 把谷花加入糖浆捏成小团，并用准备好的粘米粉翻滚包裹。

5 下油镬，用微火将谷花团炸至酥脆即可食用。

### 技术关键

1. 谷花制作时要不停翻炒以免焦煳。
2. 糖浆熬制时，要掌握火候和浓度。

# 花生碌

## 名点故事

古时的韶州府（现今韶关地区）地处南岭山脉南麓，春季雨水充沛，食物易发霉和受潮不宜长期储存，当地古人发明了一种能长期防潮又可口的风味小吃，以花生仁、白糖浆、糯米粉为主料，经油炸后成为韶州府家喻户晓的小吃，为春节增添浓郁的气氛。

## 加温方法

炸法

## 风味特色

酥脆甘香，花生味浓

。○ （原）（材）（料） ○。

**主副料** 花生仁500克，糯米粉300克，粘米粉300克，片糖200克，清水250克

### 工艺流程

1 用清水将片糖煮成糖胶，然后加入花生仁捞匀取出。

2 倒入已拌匀的米粉中轻手拌匀，让糖花生粘满米粉。

3 用粗眼米筛将多余的粉筛出。

4 落油镬用五成油温炸至金黄色即成。

### 技术关键

1. 糖花生放入米粉中拌时，手法要轻。
2. 糖胶煮至大泡起丝为好。

### 知识拓展

花生仁蘸粉时，可在粉中加入辣椒粉做成甜辣味。

# 糖环

## 名点故事

千年韶州城，因水运发达，商贾云集，人们都喜爱中国结并将其元素融入风味小吃做型中，故起名"糖环"，这种小吃具有几百年历史，是客家人逢年过节，在冬春两季常做的地方小吃，用以招待亲朋好友，增加节日气氛。

## 加温方法

炸法

## 风味特色

香脆可口

○ ○ (原) (材) (料) ○ ○

**主副料** 糯米350克，粘米150克，片糖150克，清水225克

### 工艺流程

1 将米用水浸约3小时，捞起滤干水分，用机打成粉。

2 用225克水煮片糖至溶。

3 米粉放锅用中火炒成半生熟，再用盘装好加入糖水搓成粉团。

4 约35克重，再搓条做成中国结等各种环形。

5 锅用五成油温炸到硬身金黄即成。

### 技术关键

1. 炒米粉时火候要掌握好，勤翻慢炒以免焦煳。
2. 搓条时大小要均匀。

### 知识拓展

可加入芝麻、花生仁、精盐等做成咸味糖环。

# 铜勺花生饼

### 名点故事

铜勺花生饼俗称铜铁勺米果，取其制作时用的一种铜质平底小勺而得名，是广东韶关著名的特色传统小吃。以南雄"珠玑"铜勺饼最为特色，铜勺花生饼色泽光亮、香酥可口、深受大众喜爱的休闲食品，是居家、休闲、旅游、馈赠朋友的上选食品。

### 加温方法

炸法

### 风味特色

香脆可口

· ○ 原 材 料 ○ ·

**主副料** 粘米500克，花生仁200克，精盐10克

### 工艺流程

1 粘米用水浸泡3小时，然后磨成粉浆。

2 花生仁洗干净，用冷水浸泡10~15分钟，捞起沥干水分。

3 将米浆均匀地摊匀在平底铜勺上，然后将花生仁放置在面上，再在上面淋上一层米浆。

4 将上好浆的铜勺放入油锅里面炸至金黄色。

### 技术关键

1. 米浆的稀稠度要适中。
2. 炸制时注意掌握油温，下锅时用中火，成型后改用慢火炸透。

### 知识拓展

可做成黄豆饼、酸菜饼、芋丝饼、虾公堆等，也可用粘米粉加清水调浆。

# 珠玑豆浆糍

## 名点故事

客家人南迁所经的珠玑巷，巷南门约20米处有一座元代实心石塔，叫"胡妃塔"（建于公元1350年），这是广东有年代可考的唯一元代古塔，塔高3.5米，七层八角，由17块精雕细刻的红砂岩砌成。关于胡妃，宋史记载：胡妃原是南宋度宗皇帝的妃子，因遭当朝宰相贾似道陷害，被令出宫为尼。后胡妃逃出寺庙，在杭州被南雄珠玑巷富商黄贮万搭救带回珠玑巷。胡妃为感谢当地百姓对她的接纳和照顾，把宫廷的东西，如宫廷布艺、种花之道、宫廷小吃等，悉心传授给当地百姓。南雄豆浆糍是流传下来宫廷小吃之一。

## 加温方法

炸法

## 风味特色

色泽金黄，口感香、糯、辣，独具南雄特色风味

## ◦○ 原 材 料 ○◦

**主副料** 大米400克，黄豆200克，香葱100克，辣椒粉6克，精盐6克

## 工艺流程

1 大米、黄豆，浸泡一起磨成豆米浆。

2 浆中加入香葱、精盐、辣椒粉搅拌均匀。

3 浆入铁勺或铜勺模具内放入170℃油锅中炸至成型、色泽金黄捞出。

## 技术关键

豆米浆不能太稀。

## 知识拓展

可做成咸味、不辣等风味。

# 古夏大康糍

### 名点故事

古夏糍粑是衍生于古老的"禾斋节"上人们庆祝丰收并祈求五谷丰登、风调雨顺而制作的传统特色美食。糍粑全由扶溪本地五谷杂粮纯手工制作而成。古夏糍粑历经几百年的传承发展，其品种繁多、老少皆宜，是仁化优秀传统饮食文化的代表，更是令人回味的家乡味道。

### 加温方法

煮法

### 风味特色

香甜软糯

### 知识拓展

1. 馅料加入炒香的核桃仁、芝麻仁等。
2. 糍粑可裹上椰蓉、蜂蜜等一起吃。

· ○ 原 材 料 ○ ·

**皮 料** 糯米粉500克，大米200克
**馅 料** 花生米100克，黄豆50克，白砂糖300克

### 工艺流程

1 将大米用铁锅炒熟、炒香，碾成米粉。

2 把花生仁、黄豆倒入锅中炒香后用木棍将其擀碎，再拌入白砂糖制成馅料。

3 将糯米粉加入凉开水，揉搓成生坯，分成每只250克放入煮开的大锅中煮熟，捞起放入石臼舂捣成糍粑。

4 取糍粑50克包入馅料15克捏实，裹上薄米粉即可食用。

### 技术关键

1. 煮糍时要开水落锅，用中火煮熟。
2. 石臼舂捣成糍粑时可用凉开水湿手翻转。

# 古夏黑米糍

**原材料**

皮  料　黑糯米500克，粳米粉200克
馅  料　白砂糖200克，花生仁200克

## 名点故事

古夏糍粑是衍生于古老的"禾斋节"上人们庆祝丰收并祈求五谷丰登、风调雨顺而制作的传统特色美食。是仁化优秀传统饮食文化的代表，更是令人回味的家乡味道。

## 加温方法

煮法

## 风味特色

甜香软糯，香味俱佳

### 技术关键

1. 煮糍时要开水落锅，用中火煮熟。
2. 石臼春捣成糍粑时可用凉开水湿手翻转。

### 知识拓展

糍粑可裹蜂蜜、糖浆等同吃。

### 工艺流程

1　选用本地优质黑糯米浸泡1天后打成米浆，压干水分，晒成米粉。

2　把花生仁倒入锅中炒制酥香后用木棍将其擀碎，再拌入白砂糖制成馅料。

3　将粳米用锅炒香后碾成幼嫩的米粉。

4　将黑糯米粉加入凉开水揉搓成生坯，搓条出剂成250克大小的粉团，放入烧开水的大锅中煮熟，捞起放入石臼春捣成糍粑。

5　取糍粑50克包入馅料15克捏实，裹上薄米粉即可食用。

# 九峰桃胶粽

## 名点故事

九峰素有"十里桃花源"美誉，而乐昌九峰粽子制作与众不同。九峰满岁岭桃树，孕育出优质桃胶，与乐昌张溪芋头、北乡马蹄一同齐名，是当地养颜佳品，当地的女人皮肤非常水润。她们把桃胶放入粽子内，以达到更好的养颜效果。

## 加温方法

煮法

## 风味特色

软滑，润肤美容，有桃胶香味

## 知识拓展

粽子可包三角形、塔形、枕形、牛角形等。

∘○ 原 材 料 ○∘

**主副料** 糯米500克，九峰桃胶200克，花生仁300克，绿豆50克，猪肉200克，花生油10克，精盐7克，生抽10克，粽叶适量

### 工艺流程

1　九峰桃胶用清水浸泡8小时胀发。

2　花生仁、绿豆洗净用水浸泡60分钟，猪肉切块加生抽和盐2克腌制。

3　糯米洗净浸泡约2小时，捞起加入花生仁、绿豆和5克精盐、花生油拌匀。

4　粽叶清洗用热水泡软。

5　桃胶、猪肉等放入粽叶包裹成四角形用细绳扎实。

6　下锅煮约6小时即成。

### 技术关键

1. 包时不可烂叶、出米。
2. 猪肉以半肥瘦为佳。
3. 煮时水要浸过粽子面。

# 龙归冬糍

## 名点故事

韶关客家人有一种冬至必吃的小吃，纪念冬季的到来。因在二十四节气中的冬至而制作故名"冬糍"，因其独特配方的黄原树灰水中的黄原树盛产于武江区龙归一带，因而得名"龙归冬糍"。

## 加温方法

煮法

## 风味特色

软糯清香，软滑可口

### 技术关键

1. 包馅时注意手法，不漏馅。
2. 煮时煮开后要用慢火，防止破皮。

### 知识拓展

当地人有晒冬粉习惯，将调制好的灰水粉团分成粉粒状晒干存放，平时吃时用水搓成粉团，可做灰水汤丸、灰糕等。

### ○○ 原 材 料 ○○

**皮 料** 糯米500克，黄原树灰水100克，清水400克，生抽10克，精盐5克，芝麻油5克

**馅 料** 萝卜250克，猪肉100克，湿冬菇50克，湿虾米50克

### 工艺流程

1 将糯米浸3小时，滤干水分打成粉。

2 萝卜、猪肉，湿冬菇、湿虾米切粒，加调味料制成熟馅。

3 用清水加黄原树灰水调和，与糯米粉一起制成粉团。

4 粉坯搓条出剂每个30克，压薄包入馅料15克，捏成顶尖圆球形。

5 下开水镬煮至熟透。

# 新丰牛角粽

## 名点故事

新丰素有"九山半水半分田"之称，村民勤劳，外出耕山耕田地路途较远，为多劳作，减少往返时间而备食物外出，携带方便、耐饱的牛角粽是首选佳品。新丰客家人端午节家家户户包三角粽，新春佳节则包牛角粽，以备开春外出劳作食用。

## 加温方法

煮法

## 风味特色

咸香可口，富有田园之风味

## 知识拓展

1. 粽子加入花生仁、绿豆等。
2. 粽子可包三角形、塔形、枕形等。
3. 灰水可用茶柭替代。

○·○ 原 材 料 ○·○

**主副料** 糯米5000克，鲜芒秆叶适量，灰水50克，红豆500克，花生油100克，精盐50克，五花肉300克，五香粉5克，精盐适量

## 工艺流程

1 豆梗烧成灰，制成灰水。鲜芒秆叶去头尾洗净，用热水烫软。

2 五花肉切成长条，加精盐、五香粉拌匀。

3 糯米洗净，浸泡1小时，捞起沥干水，加灰水、花生油和精盐捞匀。

4 用芒秆叶包入糯米、五花肉，造成长条形，用长绳扎实。

5 用剪刀去尾叶，落镬煮约6小时。

## 技术关键

1. 包时注意手法，防止漏米。
2. 煮时水一定要过面，中途翻转一次。

# 周陂米饺

## 名点故事

周陂米饺已有近百年的历史，是翁源县的传统客家小吃。创始人是周陂阳东莲江坝的许某，他在饺子的制作基础上，用米浆替代面粉，米皮洁白，薄薄的皮包入鲜肉冬菇馅，现蒸现食，柔软鲜香。深得大众喜爱，后人将此技艺传承至今。

## 加温方法

煮法、蒸法

## 风味特色

皮白柔软，馅鲜香滑

### 技术关键

1. 米浆用中火搅拌至五成熟，转为慢火煮至熟。
2. 饺子边要捏实，否则容易开口，影响美观。

### 知识拓展

馅料可用酸菜、冬菜等加以变化。

**○·○ (原)(材)(料) ○·○**

| 皮 料 | 冬米500克，精盐6克，生抽10克，胡椒粉3克，淀粉30克，花生油50克 |
|---|---|
| 馅 料 | 猪肉400克，湿虾米50克，湿木耳100克，冬笋100克，湿冬菇50克 |

### 工艺流程

1. 选择白色优质冬米，擦洗5~6次去米皮，用冷水浸2小时，用石磨磨成浆。

2. 用中火煮浆，边煮边搅拌至五成熟，再用细火煮至熟透铲起。

3. 用手搓至米浆有韧性，拍打会发出"啪、啪"的响声为止。

4. 将猪肉剁碎加入精盐、生抽、胡椒粉拌至起胶，将木耳、冬笋、冬菇、虾米切成粒加入肉胶中拌匀，加入淀粉、花生油拌匀成馅料。

5. 将生坯分成每只13克的小粒，然后拍压成薄薄的一小圆块，包入馅料，做成半圆形角型。

6. 猛火蒸10分钟即成。

客家风味点心制作工艺

# 炒米饼

### 名点故事

韶州古城有过年印米饼的传统，将炒至浓香的大米磨成粉加入糖浆打印成饼，浓郁香甜，还可长期储存，流传至今成为韶关特色风味小吃。炒米饼现也成为韶关旅游必带手信。

### 加温方法

文火炕烤法

### 风味特色

甘甜香口，米香味浓

∘∘ 原 材 料 ∘∘

**主副料** 炒米粉300克，花生85克，黑芝麻20克，片糖150克，清水150克

**工艺流程**

1 用锅烧水，水开后加片糖溶成糖浆。

2 花生炒香去衣压碎，黑芝麻洗净炒香备用。

3 炒米粉加糖浆、炒花生碎和炒香芝麻拌匀。

4 用饼模压入粉团，压实轻轻敲出米饼坯。

5 烧炭火炉，用竹簸箕烤烘米饼干硬即成。

**技术关键**

1. 糖浆度要适中（500克糖煮成糖浆约650克）。

2. 拌粉团时湿度要适中，以手抓能起团，轻压又能裂开为准。

**知识拓展**

可用白砂糖煮糖浆或蜂蜜浆打炒米饼。

# 长江白糖饼

## 名点故事

杨氏家族里盛传这样的典故：1919年16岁的太爷爷写得一手好字，平时帮镇上村民写写状纸，家里至今还保留有太爷爷的诸多纸墨文字，太爷爷不甘平庸，入省赶考，太奶奶发现家里只有少许糯米和糖块，便将糯米炒熟压碎成粉与糖块加水揉合，制成饼块，让进省赶考的太爷爷带上做干粮。太爷爷看着饼块问太奶奶是什么东西，太奶奶随口取名：白糖糕，希望太爷爷考取功名，高中状元。

## 加温方法

蒸法

## 风味特色

入口即化，甜而不腻

。○ (原) (材) (料) ○。

**主副料** 糯米500克，白砂糖150克，清水150克

### 工艺流程

1 先用水将白砂糖煮成糖胶。

2 糯米炒熟打成糯粉。

3 取糯米粉与糖浆揉合，入饼模印制成型。

4 用竹簸箕蒸5分钟，米饼成熟晾凉即成。

### 技术关键

1. 糖浆浓度要适中。
2. 粉团软硬要适中，以手抓起团为好。

### 知识拓展

粉团可加入炒香的花生仁、芝麻仁、核桃仁等增加香味。

# 手搓银针糍

### 名点故事

韶关客家地区的农村，在婴儿出生后，各家都有做糍粑庆祝的习惯，特别是手搓银针糍，寓意小孩快高长大，身体硬朗。

### 加温方法

蒸、炒法

### 风味特色

爽口弹牙，口味香浓

### 知识拓展

蒸熟的银针糍，可凉拌、也可炒腊肉、青菜。

○○ (原) (材) (料) ○○

主副料 粘米250克，灰水20克，鸡蛋2个，葱段20克，生抽10克，蚝油10克，精盐2克，香油5克

### 工艺流程

1　粘米加灰水（山茶壳烧灰浸的水）浸泡3小时以上，用石磨磨成米浆。

2　米浆上笼将蒸至七成熟出锅，搓成面团。

3　将面团分别搓成约长7厘米、粗0.8厘米，中间大两头小的条状后蒸熟。

4　将蒸好的手搓银针糍先慢火煎黄后，加入葱段、调料炒匀即可。

### 技术关键

米浆不能蒸太稀，不要蒸得太熟。

# （四）惠州风味点心

# 水粄

**名点故事**

水粄在惠州主要用作"六月六太阳诞"的专祭食品，惠州民间歌谣有唱："六月六，晒衣服，蒸水粄，驳（点）蜡烛。"那天人们早早将屋内冬衣和被帐拿出户外暴晒，而后蒸好水粄，点燃红蜡烛，祭拜太阳。

**加温方法**

蒸法

**风味特色**

色泽金黄，软糯咸香

○ ·○ （原）（材）（料）○· ○·

**主副料** 粘米粉500克，糯米粉150克，澄面150克，粟粉150克，清水2750克，芋头300克，虾皮50克，精盐5克，味精2.5克，白砂糖2.5克，鸡粉2.5克，胡椒粉2克

**工艺流程**

1 将芋头切成细丝，用水清洗干净，擦干水分，然后放入油锅中炸制成芋头丝，吸油纸吸干油分备用；虾皮用烤箱烘烤出香味。

2 将所有的粉和调味料加水混合均匀成粉浆

3 将粉浆100克放入九曲方盘中，粉浆蒸熟后加入炸好的芋头丝，虾皮，再加上粉浆蒸熟，反复一层一层将粉浆蒸熟，中间加入芋头丝和虾皮，大约蒸5层即可。

4 蒸好的水粄，冷却后切件，然后将水粄煎制两面金黄色即可。

**技术关键**

1. 炸芋头丝注意油温和时间。
2. 把握好每层粉浆的厚度，要厚薄一致。

# 鸡油糖丸

### 名点故事

在惠州，汤圆被称为糖丸，是传统民俗小吃，惠州民间尤喜欢用一种鸡油白糖馅，即活鸡杀后取出的油块用白糖腌几天，腌至透明晶体，以此作馅的糖丸风味特佳，是民间春节常制作的吃食。

### 加温方法

煮法

### 风味特色

软滑顺口，馅料充满鸡的香味，甜而不腻

### 知识拓展

鸡油搭配糖丸是惠州地区特殊的吃法。

| 皮 料 | 糯米500克，清水约250克 |
|---|---|
| 馅 料 | 鸡油300克，白砂糖200克 |
| 汤 料 | 红糖500克，姜50克 |

### 工艺流程

1 将鸡油煮熟，加入白砂糖腌制最少3天至鸡油成透明状。

2 将鸡油切成食指大小的正方形块，备用。

3 将糯米粉加入水成糯米粉团，将糯米粉包上鸡油成圆形。

4 锅中加入水，加入红糖、姜煮开后，加入糖丸煮制表皮呈金黄色即可。

### 技术关键

1. 糖水的浓度要够，这样煮出来的糖丸表皮才会金黄色。
2. 鸡油腌制的时间要够，才不会油腻。

# 阿嫲叫

## 名点故事

阿嫲叫是惠州的传统小吃，传说有多个版本，但基本都与"阿嫲"——惠州话里的"祖母"有关。传说，制作阿嫲叫的小贩怕滚油溅出伤了小孩子的脸，就赶小孩子走开，可怎么也赶不走。小贩急中生智，对小孩说："阿嫲叫你赶快回去！"祖母最疼孙子，所以小孩子一听就信以为真，跑开了。后来一有小孩围到油锅前，小贩就会说："阿嫲叫！阿嫲叫！"后来"阿嫲叫"就一直被沿用下来。

## 加温方法

炸法

## 风味特色

口感酥香浓郁，味道鲜香

### 知识拓展

阿嫲叫类似潮汕地区的猪脚圈，做法大同小异，只是馅料不同而已。

∘○ 原 材 料 ○∘

皮 料 面粉600克，粘米粉400克

馅 料 精盐3克，猪油50克，萝卜300克，虾皮50克，五香粉5克，猪油渣100克，蒜泥、醋、白砂糖适量

### 工艺流程

1 萝卜去皮，擦成丝，加入精盐腌制，放在笊篱滤掉水分（约1小时）。

2 将滤过水的萝卜加入精盐、白砂糖和五香粉腌制，再加入虾皮，拌匀成阿嫲叫的馅料。

3 将面粉和粘米粉混合后加入水调成粉浆（粉浆舀起倒下不断为好）。

4 油烧热160℃左右，将炸阿嫲叫的盏放进油里烧热，拿出，加入粉浆至满，然后倒出，加入馅料，表面再淋上一层粉浆，将盏放回油里浸炸，待阿嫲叫炸制金黄色即可。

### 技术关键

1. 馅料要腌制去掉部分水分，萝卜丝风味才够。

2. 五香粉要新鲜，炸出来的风味才足。

# EPILOGUE
## 后记

　　广东省"粤菜师傅"工程系列培训教材在广东省人力资源和社会保障厅的指导下，由广东省职业技术教研室牵头组织编写。该系列教材在编写过程中得到广东省人力资源和社会保障厅办公室、宣传处、财务处、职业能力建设处、技工教育管理处、异地务工人员工作与失业保险处、省职业技能鉴定服务指导中心、职业训练局和广东烹饪协会的高度重视和大力支持。

　　《客家风味点心制作工艺》教材具体由河源技师学院牵头，梅州市人力资源和社会保障局、梅州农业学校、梅州市大埔小吃文化城、梅州市餐饮行业协会、惠州市人力资源和社会保障局、惠州城市职业学院、惠州市厨师协会、惠州市饭店行业协会、韶关市人力资源和社会保障局、韶关市餐旅烹饪协会、韶关市技师学院、韶关市烹饪职业培训学校、河源市人力资源和社会保障局、河源市烹饪行业协会、河源市餐饮协会等单位参加编写。该教材主要收录了梅州、惠州、韶关、河源等4个市（区域）的80个客家点心，其中通用点心10个，地方风味点心70个。点心以客家粄为主，具有独特的地方风味，代表了客家的粄食文化。教材编写图文并茂，语言简洁，易于理解，内容重点突出点心制作的四大关键技术（制皮、拌馅、火候、调味），符合岗位标准化的操作规范与流程。该教材可作为开展"粤菜师傅"短期培训和职业院校全日制粤菜烹饪专业基础课程配套教材，同时可作为宣传粤菜文化的科普教材。

　　《客家风味点心制作工艺》教材的点心品种及相关图片主要由参编单位提供和编者原创。教材在编写过程中，得到林旭稳、刘丽莎、陈芳等学者及餐饮企业家的大力支持，在此一并表示衷心的感谢！

《客家风味点心制作工艺》编委会

2019年8月